"十四五"职业教育国家规划教材

普通车床加工技术

（第3版）

主　编　夏宝林　胥　进

副主编　周　玉　赵　波　马利军

　　　　陈小玲　黄　丹

主　审　范　军

U0234313

北京理工大学出版社

BEIJING INSTITUTE OF TECHNOLOGY PRESS

内 容 简 介

本书根据教育部颁布的中等职业学校专业教学标准和课程思政要求，参照最新国家职业技能标准和行业职业技能鉴定有规范中的有关要求编写而成。全面介绍了普通车床、刀具、量具、切削知识等内容；系统地进行了轴类零件加工、套类零件加工、圆锥面加工、成形面加工、螺纹加工、中等复杂零件加工等技能训练。每个项目细化成各个任务，前八项的任务均由"任务书—学习指导—工作单—课后反馈"四个部分组成，实现理实一体。

本书可供职业学校加工制造类专业的车工课程教学使用，也可供中高职衔接加工制造类专业车工课程教学使用，还可作为机械工人岗位培训教材及自学用书。

图书在版编目（CIP）数据

普通车床加工技术/夏宝林，胥进主编. —3版. —北京：北京理工大学出版社，2023.7重印

ISBN 978-7-5682-7773-0

Ⅰ.①普… Ⅱ.①夏… ②胥… Ⅲ.①车床–加工–中等专业学校–教材 Ⅳ.①TG510.6

中国版本图书馆CIP数据核字（2019）第239634号

出版发行 / 北京理工大学出版社有限责任公司
社　　址 / 北京市海淀区中关村南大街5号
邮　　编 / 100081
电　　话 / （010）68914775（总编室）
　　　　　（010）82562903（教材售后服务热线）
　　　　　（010）68944723（其他图书服务热线）
网　　址 / http://www.bitpress.com.cn
经　　销 / 全国各地新华书店
印　　刷 / 定州启航印刷有限公司
开　　本 / 710毫米×1000毫米　1/16
印　　张 / 13　　　　　　　　　　　　　责任编辑 / 张鑫星
字　　数 / 300千字　　　　　　　　　　文案编辑 / 张鑫星
版　　次 / 2023年7月第3版第4次印刷　　责任校对 / 周瑞红
定　　价 / 38.00元　　　　　　　　　　责任印制 / 边心超

前言

FOREWORD

党的二十大报告提出："坚持把发展经济的着力点放在实体经济上，推进新型工业化，加快建设制造强国、质量强国、航天强国、交通强国、网络强国、数字中国。"本书根据教育部颁布的中等职业学校专业教学标准和课程思政要求，参照最新国家职业技能标准和行业职业技能鉴定有规范中的有关要求编写而成。在编写过程中，以"专业与产业、职业岗位对接，专业课程内容与职业标准对接，教学过程与生产过程对接，学历证书与职业资格证书对接，职业教育与终身学习对接"的职教理念为指导思想。针对学生知识基础，吸收企业、行业专家、高职院校专家意见，结合职业教育培养目标和教学实际需求，特别针对职业学校学生学习基础较差、理性认识较差、感性认识较强的特点，遵循由浅入深、由易到难、由简易到复杂的循序渐进的规律编写了本教材。

本书可供职业学校加工制造类专业的普通车工课程教学使用，也可供中高职衔接加工制造类专业普通车工课程教学使用。

本书努力体现以下特色：

1. 立德树人，为党育人

本书以党的二十大精神为引领，坚守立德树人初心，牢记为党育人、为国育才使命，思政元素与教材融合充分。

2. 独特、创新的编写模式

本书采用工作手册式编写模式，章节内容分成 4 个模块，任务书、学习指导、工作单、课后反馈。每一个任务以任务书为纲，引导学生在学习指导里面学习理论知识，弄清基本概念，再通过工作单完成实践内容获得专业技能知识，再通过课后反馈回顾、梳理、总结，就能形成一个较完整的专业知识框架体系。

3. 教学内容采用项目引领

利用项目载体来承载和组织教学内容，知识围绕项目载体搭建，技能围绕项目载体实施，将学生代入一种在企业工作的情境。

4. 教学过程实行任务驱动

将企业工作流程、操作规范及文明生产引入课程教学内容中，有利于学生职业素养的养成，实现了教学过程与工作过程的相融合，技能训练教学在全真的生产环境中进行，做到"边学边做"，理论与实践相结合。

5. 产教融合，双元开发

一线教师和企业技师共同组成编写团队，所编教学内容源于生产实际，精心选择和设计教学载体，利用源于企业实际的载体来组织教学和承载技能与知识，排序合理，符合学生的认知规律。

6. 图文并茂，一目了然

较多地插入实际加工中的图片，替代了传统的二维平面投影线条图，清晰易懂。特别在刀具刃磨的讲述中，每一种车刀都有刃磨方法、有注意事项。对老师来说，很容易进行归纳总结；对学生来说更容易掌握相应的知识点。

本书由四川职业技术学院夏宝林教授和首批国家改革发展示范中职学校四川省射洪市职业中专学校的省特级教师、正高级讲师胥进担任主编，邀请"遂州工匠"获得者马利军参与编写、修订，参与编写的教师还有周玉、赵波、陈小玲、黄丹。

由于编者经验和水平有限，本书难免存在不足和错漏之处，敬请有关专家、读者批评指正。

编　者

目 录
CONTENTS

绪　论

　　我国在金属切削方面有着悠久的历史。古代加工石质、木质、骨质和其他非金属器物是今天金属加工的序曲。可以这样说，一个原始的切削加工过程形成了。基本上具备了切削的基本条件：刀具（带刃口的石器），被加工对象（生产和生活用品），切削运动。

　　我国的金属切削加工工艺，从青铜器时代开始萌芽，并逐渐形成和发展。从殷商到春秋时期已经相当发达的青铜冶铸业，出现了各种青铜器具。同时有出土文物和甲骨文记录表明，这个时期生产的青铜工具和生活工具，在制造过程中大都要经过切削加工或研磨。我国的冶铸技术比西欧早一千多年。渗碳、淬火、和炼钢技术的发明，为制造坚硬锋利的工具提供了便利的条件。有记载表明早在三千多年前的商代已经有了旋转的琢玉工具，这也就是金属切削机床的前身。70年代在河北满城一号汉墓出土的五铢钱，其外圆上有经过车削的痕迹，刀花均匀，切削振动波纹清晰，椭圆度很小。有可能将五铢钱穿在方轴上然后装夹在木质的车床上，用手拿着工具进行切削。

　　八世纪的时候我国就有了金属切削车床。到了明代，手工业有了很大的发展，各种切削方法，有了较细的分工。如：车、铣、钻、磨等。从北京古天文台上的天文仪器可以看出当时采用了与五、六十年代类似的加工方法。这也就说明当时就有较高精度的磨削、车削、铣削、钻削等，其动力是畜力和水。

　　清末，由于政府腐败和外国的侵略使我国的科学技术停滞不前，金属加工也处于落后的状态。解放前，我国的工业已经十分落后，根本没有自己的机床，工具制造业。解放后，我国的机床有了长足的发展，机床和工具制造业也从无到有，从小到大。

　　机械制造业是国民经济的重要组成部分，对振兴民族工业、促进国民经济的迅速发展有着举足轻重的作用。在实际生产中，要完成某一零件的切削加工，通常需要铸、锻、车、铣、刨、磨、钻、钳、热处理等诸多工种的协同配合。而其中最基本、应用最广泛的工种就是车工。

　　在机械制造业中，车床在金属切削机床的配置中几乎占60%，甚至更多，应用十分广泛。车床上可加工带有回转表面的各种不同形状的工件，如内、外圆柱面，内、外圆锥面，成形面和各种螺纹表面等。因此，车削在机械行业中占有非常重要的地位和作用。

　　所谓"车削"，是指操作工人（即车工）在车床上根据图样的要求，利用工件的旋转运动和刀具的相对切削运动来改变毛坯的尺寸和形状，使之成为符合图纸要求的合格产品的一种金属切削方法。

　　通过本课程的学习可以获得车工所必备的车床结构、传动原理等知识，正确的操作车床，掌握各种表面车削的操作技能。

《普通车床加工技术（第3版）》是用以指导车削操作的实践性很强的专业课程。通过学习，应该达到如下具体要求：

1. 掌握车工安全操作和文明生产技术，确保操作者的人身安全，从开始学习基本操作技能时，就应该重视培养文明生产的良好习惯，了解并掌握本工种的安全技术要求。

2. 掌握常用车床的主要结构、传动系统、日常调整和维护保养方法。

3. 掌握车工常用的工、夹、量具的用途、使用和保养方法。

4. 能合理地选用、刃磨常用的刀具和量具。

5. 能熟练地掌握车工的各种操作技能，并对工件进行质量分析。

6. 能熟练地掌握加工过程中的有关计算方法，并能正确查阅有关的技术手册和资料。

7. 能合理地选择工件的定位基准，掌握工件的定位、夹紧的基本原理和方法。

8. 能独立地制定较复杂零件的车削工艺，并能根据实际情况尽可能选择新技术、新标准、新工艺对工件进行加工，以提高产品质量和劳动生产率。

除了以上最基本的要求外，最重要的是将学到的知识运用到实际的生产实践当中去，解决生产的实际问题，做到理论与实践相结合。只有这样才能从实践中得到经验，进一步提高操作技术水平。

项目一　认识普通车床

车床主要是指用车刀对旋转的工件进行切削加工的机床。在机械机床领域，普通车床占有重要的地位，车床的台数几乎要占机床总台数的 30%～50%。普通车床的加工范围很广，它可以车外圆、车端面、车沟槽、切断、钻孔、镗孔、车圆锥面、车成形面、滚花、车螺纹等。要掌握这些技能，就要先认识车床，在这个项目里，我们将一起认识普通车床。

大国重器·
构筑基石

车削的主要
内容

任务一　车工安全操作规程

任务书

任务目标	1. 掌握车工安全操作规程； 2. 收集车床加工安全事故，思考如何避免安全事故、树立珍爱生命的思想。
思考题	为什么车工操作时，操作者必须佩戴防护眼镜

学习指导

文明生产规范

车工安全操作规程

（1）实习学生进入车间必须穿好工作服并扎紧袖口，女生须戴安全帽。夏季禁止穿短裤、裙子和凉鞋进行操作。

（2）工作时，头不能离工件太近；为防止切屑飞入眼中，必须戴防护眼镜。

（3）实习学生必须熟悉车床性能，掌握操纵手柄的功用，否则不得启用车床。

（4）车床启动前，要检查手柄位置是否正常，手动操作各移动部件有无碰撞或不正常现象，润滑部位要加油润滑。

（5）工件、刀具和夹具都必须装夹牢固，装夹好工件后，卡盘扳手必须随即从卡盘上取下。

（6）在车床上操作不准戴手套。

（7）车床主轴变速、装夹工件、紧固螺钉、测量、清除切屑或离开车床等都必须停车。

（8）装卸卡盘或装夹重工件时，要有人协助，床面上必须垫木板。

（9）工件转动中，不准手摸工件或用棉纱擦拭工件；不准用手去清除切屑，应用专用铁钩清除；不准用手强行刹车。

（10）车床运转不正常，有异声或异常现象，轴承温度过高，要立即停车，报告指导老师。

（11）工作场地保持整洁。刀具、工具、量具要分别放在规定位置，床面上禁止放物品。

（12）工作结束后，应擦净车床并在导轨面上加润滑油，关闭车床电源。

工作单

任务名称	具体操作内容			
抄写车工安全操作规程	在实训报告手册上抄写车工安全操作规程2遍，并熟记各要点	签名	本人	
			组员	
收集车床安全事故	在课外收集车床安全事故2例，通过分析事故原因，树立生命只有一次，要珍爱生命的生命观。	签名	本人	
			组员	
小结				

课后反馈

（1）当车床运转时出现异声应该怎么办？

（2）在车床上操作时，可否戴手套？

（3）车床在运转时，可否直接用手去清理切屑？

任务二　认识普通车床

任务书

任务目标	1. 了解车床的基本部件； 2. 熟练地对车床进行变速调节并学会操作进给箱及溜板箱，把"工匠精神"落地生根； 3. 查阅机床基本代号

续表

任务 图样 （图 1-1）	 图 1-1　CDS6132 车床
思考题	1. 车床由哪几部分组成 2. 为什么变换转速前必须先停车 3. CDS6132 代表什么意思

学习指导

卧式车床结
构和作用

一、CDS6132 车床的组成及其作用

1. 主轴箱

主轴箱又称床头箱，其内部装有主轴和变速、传动机构。它的主要作用是支承主轴，并将动力经变速、传动机构传给主轴，使主轴获得不同的转速，如图 1-2 所示。

2. 交换齿轮箱

交换齿轮箱又称挂轮箱，其作用是通过改变交换齿轮箱齿轮的齿数，配合进给箱的变速运动，车削出不同螺距的螺纹工件及满足大小不同的纵向、横向进给量，如图 1-3 所示。

3. 进给箱

进给箱的作用是把交换齿轮箱传来的运动，经过变速后传递给光杠、丝杠，以满足车螺纹与机动进给的需要，如图 1-4 所示。

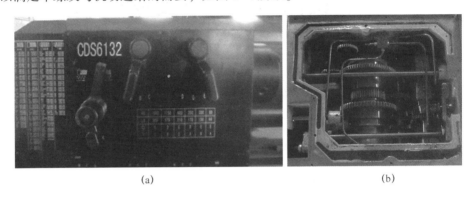

(a)   (b)

图 1-2　主轴箱

（a）正面图；（b）内部结构

　　　图 1-3　交换齿轮箱　　　　　　　　　图 1-4　进给箱

4. 溜板箱

溜板箱的作用是把光杠或丝杠传来的运动传递给床鞍及中滑板，以形成车刀纵向或横向进给运动，如图 1-5 所示。

5. 刀架

刀架用来装夹车刀，如图 1-6 所示。

图1-5　溜板箱

图1-6　刀架

6. 尾座

尾座安装在床身导轨上，并沿此导轨做纵向移动，以调整其工作位置。在尾座上装钻头可钻孔，装板牙、丝锥可套螺纹和攻螺纹，装铰刀可铰孔，如图1-7所示。

7. 床身

床身是车床精度要求很高的一个大型基础部件，其主要作用是支撑安装在车床的其他部件，是床鞍、尾座运动的导向部分，如图1-8所示。

图1-7　尾座

图1-8　床身

8. 冷却部分

冷却部分的作用是给切削区浇注充分的切削液，降低切削温度，提高刀具使用寿命和工件的表面加工质量，如图1-9所示。

图1-9　冷却部分

二、装拆三爪自定心卡盘的卡爪

三爪自定心卡盘如图 1-10 所示，三爪自定心卡盘是用连接盘装夹在车床主轴上。当卡盘扳手方榫插入小锥齿轮 2 的方孔 1 时，小锥齿轮 2 就带动大锥齿轮 3 转动。大锥齿轮 3 的背面是一平面螺纹 4，3 个卡爪 5 背面的螺纹跟平面螺纹 4 啮合，因此，当平面螺纹 4 转动时，就带动 3 个卡爪 5 同时做向心或离心运动，夹紧或松开工件。

操作要求：

（1）关闭机床电源。

（2）用右手托住卡盘下方卡爪，防止卡爪松脱时掉入下方油盘内。

（3）将卡盘扳手方榫插入卡盘方孔，做逆时针转动，直到全部卡爪松脱。

（4）用毛刷或干净的布清理卡爪内的铁屑和灰尘。

（5）安装卡爪时，顺时针转动卡盘扳手，当平面螺纹螺扣转到卡爪槽时，装入 1 号卡爪，顺时针转动卡盘扳手两周，然后顺时针转动卡盘，换另一个卡盘方孔，当平面螺纹螺扣转到卡爪槽时，装入 2 号卡爪，以此类推，装入 3 号卡爪。

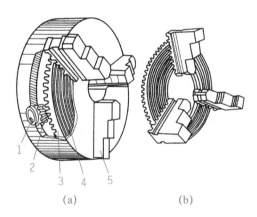

自定心三爪
卡盘拆装

(a)　　　　　　　　　(b)

图 1-10　三爪自定心卡盘

(a) 正爪；(b) 反爪

1—方孔；2—小锥齿轮；3—大锥齿轮；4—平面螺纹；5—卡爪

三、床鞍、中滑板和小滑板的摇动

调整溜板箱

CDS6132 车床的溜板箱分为 3 个部分：床鞍（又名大滑板）、中滑板、小滑板。每个滑板部分都有刻度盘，床鞍的每小格精度为 1 mm，中滑板的每小格精度为 0.02 mm，小滑板的每格精度为 0.02 mm。

3 个滑板手柄摇动的正确与否关系着后面加工的质量问题。所以，要求做到操作熟练，床鞍、中滑板、小滑板移动平稳、均匀。初学者应按照老师要求进行进给的精度控制。

四、车床的启动和停止

普通车床操作有一定的危险性，所以操作者应严格按照安全技术规程进行，确保人身、设备安全。

操作要求：

（1）认识车床上的转速铭牌。

（2）确认操纵杆是否处于停止位置，以免开机后主轴突然转动，造成人身安全事故。

（3）合上车床电源总开关，按下绿色启动按钮，电动机启动。

（4）调整主轴转速分别为 44 r/min、575 r/min、800 r/min，调节转速的时候一定要让主轴处于静止状态，以免打伤齿轮。

（5）向上提起溜板箱右侧的操纵杆手柄，主轴正转；操纵杆手柄回到中间位置，主轴停止转动；操纵杆手柄下压，主轴反转。

（6）调整溜板箱和进给箱手柄位置，进行机动纵、横向进给练习，注意行程，不要撞到卡盘。

（7）按下红色急停按钮，电动机停止工作。

五、机床型号

我国新的机床型号，均按 GB/T 15375—2008 "金属切削机床型号编制方法"编制。

国标将每类机床划分为 10 个组，每个组又划分为 10 个系列。组系划分的原则如下：

在同一组机床中，其主参数相同并按一定公比排列，工件及刀具本身和相对运动的特点基本相同，而且基本结构及布局相同的机床，即为同一系。

机床型号是机床的产品代号，由汉语拼音字母和阿拉伯数字组成。型号中有固定含义的汉语拼音字母（如类代号及通用特性代号以及固定含义的特征结构代号），按其相对应的汉字读音；没有固定含义的汉语拼音字母（如无固定含义的结构特性代号以及重大改进顺序号），则按汉语拼音字母的名称读音。例如，CDS6132 型卧式车床，型号中的代号及数字的含义如下：

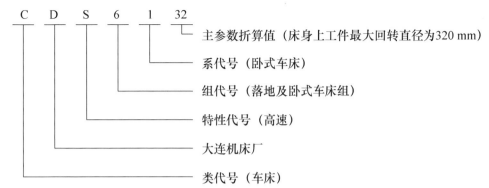

主参数折算值（床身上工件最大回转直径为320 mm）
系代号（卧式车床）
组代号（落地及卧式车床组）
特性代号（高速）
大连机床厂
类代号（车床）

1. 类代号

机床的类代号，用大写的汉语拼音字母表示，如车床用"C"表示，铣床用"X"表示。必要时，每类可分为若干分类。分类代号在类代号之前，作为型号的首位，用阿拉伯数字表示，但第一分类不予表示。机床的种类及分类代号见表1-1。

表1-1 机床的种类及分类代号

类别	车床	钻床	镗床	磨床			齿轮加工机床	螺纹加工机床	铣床	刨插床	拉床	锯床	其他机床
代号	C	Z	T	M	2M	3M	Y	S	X	B	L	G	Q
读音	车	钻	镗	磨	二磨	三磨	牙	丝	铣	刨	拉	割	其他

2. 特性代号

机床的特性代号，用大写的汉语拼音字母表示，位于类代号之后。

1）通用特性代号

当某类型机床除有普通形式外，还有某种通用特性时，则在类代号之后加通用特性代号予以区分。如果某类型机床仅有某种通用特性，而无普通形式，则通用特性不予表示。

通用特性代号有统一的固定含义，它在各类机床型号中所表示的意义相同。机床的通用特性代号见表1-2。

表1-2 机床的通用特性代号

通用特性	高精度	精密	自动	半自动	数控	加工中心（自动换刀）	仿形	轻型	加重型	简式或经济型	柔性加工单元	数显	高速
代号	G	M	Z	B	K	H	F	Q	C	J	R	X	S
读音	高	密	自	半	控	换	仿	轻	重	简	柔	显	速

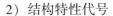

2）结构特性代号

对主参数值相同而结构、性能不同的机床，在型号中加结构特性代号予以区分。但结构特性代号与通用特性代号不同，它在型号中没有统一的含义，只在同类机床中起区分机床结构、性能的作用。结构特性代号应排在通用特性代号后。

3. 组、系代号及主参数

机床的组，用阿拉伯数字表示，位于类代号或特性代号之后。机床的系，用一位阿拉伯数字表示，位于组代号之后。车床的组、系划分及主参数见表1-3（本表只节选了车床类）。

机床的主参数用折算值（主参数乘以折算系数）表示，位于组、系代号之后。它反映机床的重要技术规格，主参数的尺寸单位为 mm，CDS6132 车床，主参数的折算值为 32，折算系数为 1/10，即主参数（床身上工件最大回转直径）为 320 mm。

表 1-3　车床的组、系划分及主参数

类		组		系			主参数
代号	名称	代号	名称	代号	名称	折算系数	名称
C	车床	0	仪表车床	0	仪表台式精整车床	1/10	床身上最大回转直径
				3	仪表转塔车床	1	最大棒料直径
				4	仪表卡盘车床	1/10	床身上最大回转直径
				5	仪表精整车床	1/10	床身上最大回转直径
				6	仪表卧式车床	1/10	床身上最大回转直径
				7	仪表棒料车床	1	最大棒料直径
				8	仪表轴车床	1/10	车身上最大回转直径
				9	仪表卡盘精整车床	1/10	床身上最大回转直径
		1	单轴自动车床	0	主轴箱固定型自动车床	1	最大棒料直径
				1	单轴纵切自动车床	1	最大棒料直径
				2	单轴横切自动车床	1	最大棒料直径
				3	单轴转塔自动车床	1	最大棒料直径
				4	单轴卡盘自动车床	1/10	床身上最大回转直径
				6	正面操作自动车床	1	最大车削直径
		2	多轴自动、半自动车床	0	多轴平行作业棒料自动车床	1	最大棒料直径
				1	多轴棒料自动车床	1	最大棒料直径
				2	多轴卡盘自动车床	1/10	卡盘直径
				4	多轴可调棒料自动车床	1	最大棒料直径
				5	多轴可调卡盘自动车床	1/10	卡盘直径
				6	立式多轴半自动车床	1/10	最大车削料直径
				7	立式多轴平行作业半自动车床	1/10	最大车削料直径

类		组		系			主参数
代号	名称	代号	名称	代号	名称	折算系数	名称
C	车床	3	回轮、转塔车床	0	回轮车床	1	最大棒料直径
				1	滑鞍转塔车床	1/10	卡盘直径
				2	棒料滑枕转塔车床	1	最大棒料直径
				3	滑枕转塔车床	1/10	卡盘直径
				4	组合式转塔车床	1/10	最大车削直径
				5	横移转塔车床	1/10	最大车削直径
				6	立式双轴转塔车床	1/10	最大车削直径
				7	立式转塔车床	1/10	最大车削直径
				8	立式卡盘车床	1/10	卡盘直径
		4	曲轴及凸轮轴车床	0	旋风切削曲轴车床	1/100	转盘内孔直径
				1	曲轴车床	1/10	最大工件回转直径
				2	曲轴主轴颈车床	1/10	最大工件回转直径
				3	曲轴连杆轴颈车床	1/10	最大工件回转直径
				5	多刀凸轮轴车床	1/10	最大工件回转直径
				6	凸轮轴车床	1/10	最大工件回转直径
				7	凸轮轴中轴颈车床	1/10	最大工件回转直径
				8	凸轮轴端轴颈车床	1/10	最大工件回转直径
				9	凸轮轴凸轮车床	1/10	最大工件回转直径
		5	立式车床	1	单柱立式车床	1/100	最大车削直径
				2	双柱立式车床	1/100	最大车削直径
				3	单柱移动立式车床	1/100	最大车削直径
				4	双柱移动立式车床	1/100	最大车削直径
				5	工作台移动单柱立式车床	1/100	最大车削直径
				7	定梁单柱立式车床	1/100	最大车削直径
				8	定梁双柱立式车床	1/100	最大车削直径
		6	落及卧式车床	0	落式车床	1/100	最大工件回转直径
				1	卧式车床	1/10	床身上最大回转直径
				2	马鞍车床	1/10	床身上最大回转直径
				3	轴车床	1/10	床身上最大回转直径
				4	卡盘车床	1/10	床身上最大回转直径
				5	球面车床	1/10	刀架上最大回转直径

续表

类		组		系			主参数	
代号	名称	代号	名称	代号	名称	折算系数		名称
C	车床	7	仿形及多刀车床	0	转塔仿形车床	1/10		刀架上最大车削直径
				1	仿形车床	1/10		刀架上最大车削直径
				2	卡盘仿形车床	1/10		刀架上最大车削直径
				3	立式仿形车床	1/10		最大车削直径
				4	转塔卡盘多刀车床	1/10		刀架上最大车削直径
				5	多刀车床	1/10		刀架上最大车削直径
				6	卡盘多刀车床	1/10		刀架上最大车削直径
				7	立式多刀车床	1/10		刀架上最大车削直径
				8	异形仿形车床	1/10		刀架上最大车削直径
		8	轮、轴、辊、锭及铲齿车床	0	车轮车床	1/100		最大工件直径
				1	车轴车床	1/10		最大工件直径
				2	动轮曲拐销车床	1/100		最大工件直径
				3	轴颈车床	1/100		最大工件直径
				4	轧辊车床	1/10		最大工件直径
				5	钢锭车床	1/10		最大工件直径
				7	立式车轮车床	1/100		最大工件直径
				9	铲齿车床	1/10		最大工件直径
		9	其他车床	0	落镗车床	1/10		最大工件回转直径
				2	单能半自动车床	1/10		刀架上最大车削直径
				3	气缸套镗车床	1/10		床身上最大回转直径
				5	活塞车床	1/10		最大车削直径
				6	轴承车床	1/10		最大车削直径
				7	活塞环车床	1/10		最大车削直径
				8	钢锭模车床	1/10		最大车削直径

4. 重大改进顺序号

随着科学技术的提高，机床的结构、性能不断改进，重大技术改进的顺序按汉语拼音字母顺序 A、B、C…选用，标注在主参数之后，如 CA6140A 是 CA6140 车床经过第一次重大改进后的车床。

六、车床历史回顾

早期的车床是靠手拉或脚踏，通过绳索使工件旋转，并手持刀具而进行切削的。

1797年，英国机械发明家莫兹利创制了用丝杠传动刀架的现代车床，并于1800年采用交换齿轮改变进给速度和被加工螺纹的螺距。1817年，另一位英国人罗伯茨采用了四级带轮和背轮机构来改变主轴转速。

为了提高机械自动化程度，1845年，美国的菲奇发明转塔车床。

1873年，美国的斯潘塞制成单轴自动车床，不久他又制成三轴自动车床。

20世纪初，出现了由单独电动机驱动的带有齿轮变速箱的车床。

第一次世界大战后，由于军事、汽车和其他机械工业的需要，各种高效自动车床和专门化车床迅速发展。为了提高小批量工件的生产率，20世纪40年代末，带液压仿形装置的车床得到推广。与此同时，多刀车床也得到了发展。20世纪50年代中期，发展了带穿孔卡、插销板和拨码盘等的程序控制车床。数控技术于20世纪60年代开始用于车床，70年代后得到迅速发展。

工作单

任 务 名 称	具体操作内容		
工量具 准 备	卡盘扳手、毛刷、抹布	签 名	本人
			组员
卡 爪 装 拆	每个学生按要求对卡爪进行装拆训练两次	签 名	本人
			组员
转 速 调 节 练 习	1. 调整主轴转速分别为 44 r/min、88 r/min、160 r/min、320 r/min、575 r/min、800 r/min、1 150 r/min、1 600 r/min； 2. 确认后启动车床	签 名	本人
			组员
溜板箱 各手柄 的操作	1. 摇动大滑板手柄，利用床鞍刻度盘使床鞍纵向移动 100 mm、200 mm； 2. 摇动中（小）滑板手柄，利用中（小）滑板刻度盘刻度，使刀架横（纵）向进刀 1 mm、3.5 mm	签 名	本人
			组员
小 结			

课后反馈

一、理论题

（1）车床的主要部分及作用有哪些？

（2）溜板箱分为哪三个部分？

（3）调节转速的时候，主轴要处于什么样的状态？

（4）在机床的种类与代号中，X代表什么机床？

（5）说明 CA6140 车床型号的组成及其含义。

二、实训报告

完成本任务实训报告。

任务三　车床的维护与保养

任务书

任务目标	1. 掌握车床维护与保养的相关知识； 2. 对车床进行维护保养，树立环保意识和可持续发展观
思考题	车床导轨面用什么方式进行润滑

学习指导

车床的润滑　　主轴箱润滑

一、车床的润滑

为了减少车床磨损，延长使用寿命，保证工件加工精度，应对车床的所有摩擦部位进行润滑，并注意日常的维护保养。

车床常用的润滑形式有：浇油润滑、溅油润滑、油绳导油润滑、弹子油杯注油润滑、黄油杯润滑、油泵输油润滑等。

车床的不同部位应采用不同的润滑方法。车床各部位的润滑方式及特点见表 1-4。

表 1-4　车床各部位的润滑方式及特点

润滑部位	润滑方式	润滑特点
主轴箱	溅油润滑	利用齿轮转动将箱内的润滑油溅射到箱体上部的油槽中，然后经槽内油孔流到各润滑点进行润滑
	油泵循环润滑	常用于转速高、需要大量润滑油连续强制润滑的机构；油泵压力供油
进给箱与溜板箱	油绳润滑	利用毛线既易吸油又易渗油的特性，把油池中的油引入润滑点，间断地滴油润滑
挂轮箱	黄油杯润滑	事先在黄油杯中装满钙基润滑脂，需要润滑时拧紧油杯盖，则油杯中的油脂被挤进轴承套内，这种润滑方式存油期长，不需要每天加油
车床导轨面	浇油润滑	直接用油枪将油浇在机床的外表面上
尾座及溜板箱	弹子油杯润滑	定期用油枪端头油嘴压下油杯弹子，将油注入

二、车床的维护与保养

车床日常维护的内容主要是清扫和润滑。每天下班后应清理车床上的铁屑、切削液及杂物，清理干净后加注润滑油。

1. 日保养

车床工作后应擦干净车床导轨面，要求无油污、无铁屑并加注润滑油，使车床外表清洁并保持场地整齐。

2. 周保养

每周要求对车床导轨面及转动部位进行清洁、润滑，保持油眼畅通、油标油窗清晰，并保持车床外表清洁和场地整齐。

3. 一级保养

当车床运行 500 h 后，须进行一级保养。保养前必须先切断电源，然后以操作工人为主，在维修工人的配合下进行。保养的主要内容是：清洗、润滑和必要的调整。普通车床一级保养的部位及内容见表 1-5。

表 1-5　普通车床一级保养的部位及内容

保养部位	保养内容
床身及外表	1. 清洗机床表面及死角，包括外壳及油盘； 2. 清洗丝杠、光杠和操纵杆； 3. 检查并补齐螺钉、手柄等，清洗机床附件

续表

保养部位	保养内容
主轴箱	1. 拆下滤油器进行清洗，使其无杂物，然后复装； 2. 检查主轴锁紧螺母有无松动，紧定螺钉是否锁紧； 3. 调整摩擦片间隙及制动器
刀架和滑板部分	1. 清洗刀架，中、小滑板的丝杠、螺母及镶条； 2. 擦净刀架底面，涂油、复装、压紧
交换齿轮箱	1. 拆下齿轮、轴套、扇形板进行清洗，然后复装，并注入新油脂； 2. 检查有无晃动现象，调整齿轮啮合间隙
尾座	1. 拆下尾座套筒、丝杠、螺母，进行清洗； 2. 复装各部位并调整，各转动手柄应齐全并灵活可靠
冷却系统 润滑系统	1. 清洗切削液泵、冷却箱； 2. 清洗油绳、油毡，保证油孔、油路清洁畅通，油杯齐全
电气部分	1. 检查和清扫电动机、电气箱； 2. 电气装置固定整齐

注：保养前必须先切断电源，保证保养期间操作安全

工作单

任务 名称	具体操作内容			
工量具 准备	油枪、抹布	签 名	本人	
			组员	
车床保养	每天下班后按照日保养要求对车床进行保养	签 名	本人	
			组员	
小结				

课后反馈

一、理论题

（1）车床的润滑方式有哪些？

（2）车床运行多长时间后需要进行一级保养？

二、实训报告

完成本任务实训报告。

项目二 车刀的刃磨及安装

工人对工件的加工，就像厨师对食材的加工一样，需要一把好刀作为基础。菜刀磨锋利，厨师就得心应手。同样的，车刀磨得好不好，也关乎工件加工出来得质量。万丈高楼平地起，只有把基础打牢，才能修成峻拔的大楼。本项目中，我们来学习下如何刃磨车刀及车刀安装。

大国重器·
发动中国

任务一　常用车刀的刃磨

任务书

任务目标	1. 了解车刀的组成； 2. 了解车刀的几何角度； 3. 学会车刀的刃磨
任务 图样 （图2-1）	图 2-1　90°外圆车刀及 45°端面车刀
思考题	1. 测量车刀角度的辅助平面是哪三个
	2. 车刀有几个几何角度

·18·

学习指导

一、常用车刀材料

常用车刀材料有高速钢和硬质合金两大类。

1. 高速钢

高速钢是指含较多钨、铬、钒、钼等合金元素的高合金工具钢，俗称锋钢。

其特点是：制造简单；有较高的硬度（63~66HRC）、耐磨性和耐热性；有足够的强度和韧性；有较好的工艺性；能承受较大的冲击力；可制造形状复杂的刀具，如各种车刀、铣刀、钻头、拉刀和齿轮刀具等；不能用于高速切削。

常用的高速钢牌号为 W18Cr4V 和 W6Mo5Cr4V2 两种。

2. 硬质合金

硬质合金是一种硬度高、耐磨性好、耐高温，适合高速车削的粉末冶金制品。

常见的硬质合金有三类：

（1）钨钴类，这类硬质合金的代号是 YG，由碳化钨和钴组成。

其特点是：韧性好、抗弯强度高，不怕冲击，但是硬度和耐热性较低。适用于加工铸铁、青铜等脆性材料。

常用牌号有 YG3、YG6、YG8 等，后面的数字表示含钴量的百分比，含钴量越高，其承受冲击的性能就越好。因此，YG8 常用于粗加工，YG6 和 YG3 常用于半精加工和精加工。

（2）钨钛钴类，这类硬质合金的代号是 YT，由碳化钨、碳化钛、钴组成。

其特点是：硬度为 89~93HRC，耐热温度为 800℃~1 000℃；耐磨性、抗氧化性较高；但抗弯强度、冲击韧度较低。钨钛钴类合金钢车刀适用于加工碳钢、合金钢等塑性材料。

常用牌号有 YT5、YT15、YT30 等，后面的数字表示碳化钛含量的百分比，碳化钛的含量越高，红硬性越好；但钴的含量相应越低，韧性越差，越不耐冲击，所以 YT5 常用于粗加工，YT15 和 YT30 常用于半精加工和精加工。

（3）钨钛钽（铌）钴类，这类硬质合金的代号是 YW，它是在钨钛钴类基础上加入少量的碳化钽或碳化铌制成的。

其特点是：由于在 YT 类硬质合金中加入了适量碳化钽或碳化铌，故保持了原来的硬度、耐磨性，提高了抗弯强度、韧性和耐热度。钨钛钽（铌）钴类合金钢车刀适用于加工碳钢、合金钢等塑性材料，也可加工脆性材料。

二、车刀的种类和用途

1. 车刀的种类

车刀的种类繁多，有外圆车刀、端面刀、切断刀、内孔车刀、成形刀、螺纹车刀等。本项目主要用到两种车刀：90°外圆车刀和45°端面车刀，如图2-2所示，其他刀具我们将在后面项目进行学习。

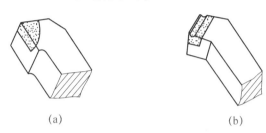

(a)　　　　　　　　　　　(b)

图2-2　车刀种类

（a）90°外圆车刀；（b）45°端面车刀

2. 车刀的用途

90°车刀又叫偏刀，主要用来车削外圆、端面和阶台；45°车刀又叫弯头刀，主要用来车外圆、端面和倒角，如图2-3所示。

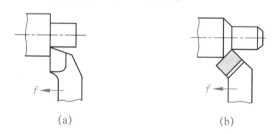

(a)　　　　　　　　　　　(b)

图2-3　车刀的用途

（a）车外圆；（b）车外圆及倒角

三、车刀的主要角度

1. 车刀的组成

车刀由刀头（切削部分）和刀杆（夹持部分）组成。车刀的切削部分由三面、二刃、一尖组成，即一点二线三面，如图2-4所示。

前刀面：切削时，切屑流出所经过的表面。

主后刀面：切削时，与工件过渡表面相对的表面。

副后刀面：切削时，与工件已加工表面相对的表面。

主切削刃：前刀面与主后刀面的交线。它可以是直线或曲线，担负着主要的切削任务。

副切削刃：前刀面与副后刀面的交线，一般只担负少量的切削任务。

刀尖：主切削刃与副切削刃的相交部分。为了强化刀尖，常磨成圆弧形或直线形，圆弧或直线部分的刀刃叫过渡刃，如图 2-5 所示。

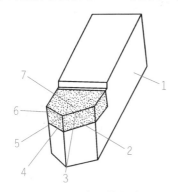
图 2-4　车刀的组成
1—刀杆；2—主后刀面；3—主切削刃；
4—副后刀面；5—刀尖；
6—副切削刃；7—前刀面

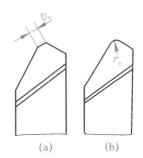
图 2-5　车刀的过渡刃
（a）直线形；（b）圆弧形

2. 车刀的角度

车刀的主要角度有前角（γ_0）、后角（α_0）、主偏角（κ_r）、副偏角（κ_r'）和刃倾角（λ_s），如图 2-6 所示。

车刀的角度是在切削过程中形成的，它们对加工质量和生产率等起着重要作用。为较准确测量车刀的几何角度，假设了 3 个辅助平面，即切削平面、基面和主截面。

（1）切削平面 P_s，在切削时，过主切削刃上一选定点，并与工件过渡表面相切的假想平面叫切削平面。

（2）基面 P_r，过主切削刃上一选定点，并与该点切削速度方向垂直的假想平面叫基面。

（3）正交平面 P_o，过主切削刃上一选定点，垂直于过该点的切削平面与基面的平面叫正交平面。

由这些假想的平面（图 2-7）再与刀头上存在的三面二刃就可构成实际起作用的刀具角度。对车刀而言，基面呈水平面，并与车刀底面平行。切削平面、主截面与基面是相互垂直的。

1. 前角

前刀面与基面之间的夹角，表示前刀面的倾斜程度。前角可为正、负或零，前刀面在基面之下则前角为正值，反之为负值，相重合为零。一般所说的前角是指正前角。

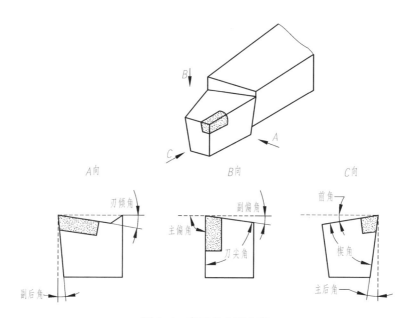

图 2-6　车刀的主要角度

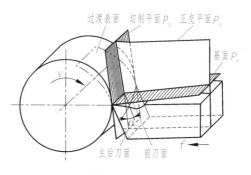

图 2-7　确定车刀角度的辅助平面

前角的作用：增大前角，可使刀刃锋利、切削力降低、切削温度降低、刀具磨损减小、表面加工质量提高。但过大的前角会使刃口强度降低，容易造成刃口损坏。

选择原则：用硬质合金车刀加工钢件（塑性材料等），一般选取 10°~20°；加工灰铸铁（脆性材料等），一般选取 5°~15°。精加工时，可取较大的前角，粗加工应取较小的前角。工件材料的强度和硬度大时，前角取较小值，有时甚至取负值。

2. 后角

主后刀面与切削平面之间的夹角，表示主后刀面的倾斜程度。

后角的作用：减少主后刀面与工件之间的摩擦，并影响刃口的强度和锋利程度。

选择原则：一般后角可取 6°~8°。粗车时，要求车刀有足够的强度，应选择较小的后角。精车时，为减小摩擦，保持刃口锋利，应选较大的后角。

3. 主偏角与副偏角

主切削刃与进给方向在基面上投影间的夹角叫主偏角。

副切削刃与背离进给方向在基面上投影间的夹角叫副偏角。

主偏角的作用：影响切削刃的工作长度、切深抗力、刀尖强度和散热条件。主偏角越小，则切削刃工作长度越长，散热条件越好，但切深抗力越大。

主偏角选择原则：当工件刚性较差时应选择较大的主偏角；车削硬度高的工件时应选择较小的主偏角。

副偏角的作用：影响已加工表面的表面粗糙度，减小副偏角可使已加工表面光洁。

副偏角选择原则：一般选取 5°~15°，精车时可取 5°~10°，粗车时取 10°~15°。

4. 刃倾角

主切削刃与基面间的夹角：刀尖为切削刃最高点时为正值刃倾角，反之为负值刃倾角，当主切削刃和基面平行时为零度刃倾角。

刃倾角的作用：主要影响主切削刃的强度和控制切屑流出的方向。以刀杆底面为基准，当主切削刃与刀杆底面平行时，$\lambda_s = 0$，切屑沿着垂直于主切削刃的方向流出，如图 2-8（a）所示；当刀尖为主切削刃最高点时，λ_s 为正值，切屑流向待加工表面，如图 2-8（b）所示；当刀尖为主切削刃最低点时，λ_s 为负值，切屑流向已加工表面，如图 2-8（c）所示。

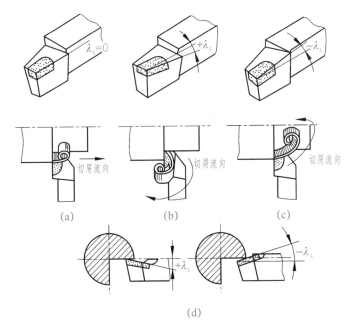

图 2-8　刃倾角的正负及作用

选择原则：λ_s一般在−5°~+5°选择。粗加工时，常取负值，虽然切屑流向已加工表面，但是保证了主切削刃的强度。精加工常取正值，使切屑流向待加工表面，从而不会划伤已加工表面。

四、车刀的刃磨

1. 砂轮的选择

工厂常用的砂轮有两种：一种是白色的氧化铝砂轮，另一种是绿色的碳化硅砂轮，如图2-9所示。砂轮一般都是安装在砂轮机上进行磨削操作的，如图2-10所示。常用砂轮种类、特点及应用见表2-1。

砂轮机

图2-9　砂轮　　　　　　　　图2-10　砂轮机

表2-1　常用砂轮种类、特点及应用

砂轮种类	砂轮特点	应用
白色氧化铝砂轮	砂粒的韧性好，比较锋利但硬度较低	刃磨高速钢及硬质合金车刀的刀杆部分
绿色碳化硅砂轮	砂粒硬度高、切削性能好，但比较脆	刃磨硬质合金的刀头部分

2. 车刀的刃磨

现代车刀刃磨的方法有机械刃磨和手工刃磨两种。机械刃磨就是在工具磨床上刃磨；手工刃磨是指手拿着车刀在砂轮上刃磨。本任务只介绍手工刃磨。

（1）在氧化铝砂轮上先磨去车刀前面、后面上的焊渣，并把车刀底平面磨平。

（2）在碳化硅砂轮上粗磨刀头上的主后刀面［图2-11（a）］、副后刀面［图2-11（b）］，其后角要比正确后角大2°~3°，并保证磨出主偏角和副偏角。

（3）磨前刀面［图2-11（c）］及刃倾角，再磨断屑槽（砂轮棱角要小，从后部向刀尖磨），如图2-11（d）、图2-11（e）所示。

（4）精磨主后刀面、副后刀面。

（5）磨负倒棱。

（6）磨过渡刃，如图2-11（f）所示。

横磨法　　　直磨法

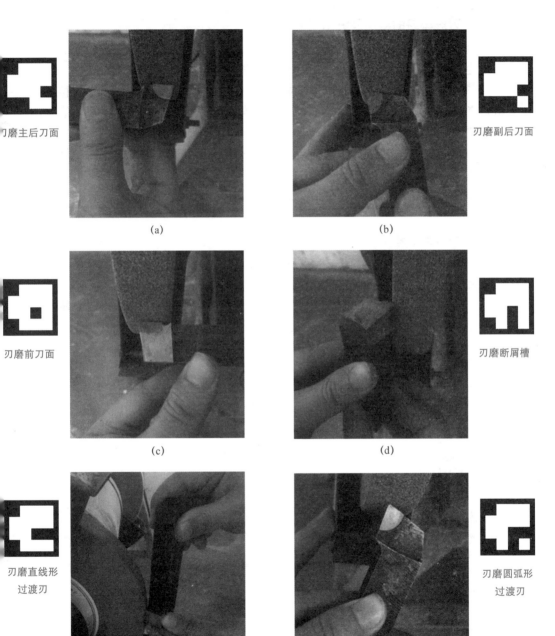

刃磨主后刀面

刃磨副后刀面

刃磨前刀面

刃磨断屑槽

刃磨直线形
过渡刃

刃磨圆弧形
过渡刃

(a)　　　　　　　　　　　　　　(b)

(c)　　　　　　　　　　　　　　(d)

(e)　　　　　　　　　　　　　　(f)

图 2-11　外圆车刀刃磨的步骤

（a）刃磨主后刀面；（b）刃磨副后刀面；（c）刃磨前刀面；

（d）刃磨断屑槽（正磨）；（e）刃磨断屑槽（倒磨）；（f）刃磨过渡刃

3. 刃磨车刀的姿势及方法

（1）人站立在砂轮机的侧面，以防砂轮碎裂时碎片飞出伤人。

（2）两手握刀的距离放开，两肘夹紧腰部，以减小磨刀时的抖动。

（3）磨刀时，车刀要放在砂轮的水平中心，刀尖向上翘3°~8°，车刀接触砂轮后应做左右方向水平移动。当车刀离开砂轮时，车刀需向上抬起，以防磨好的刀刃被砂轮碰伤。

（4）磨后刀面时，刀杆尾部向左偏过一个主偏角的角度；磨副后刀面时，刀杆尾部向右偏过一个副偏角的角度。

（5）修磨刀尖圆弧时，通常以左手握住的车刀前端为支点，用右手转动车刀的尾部。

4. 磨刀安全知识

（1）刃磨刀具前，应首先检查砂轮有无裂纹，砂轮轴螺母是否拧紧，并经试转后使用，以免砂轮碎裂或飞出伤人。

（2）刃磨刀具不能用力过大，否则会使手打滑而触及砂轮面，造成工伤事故。

（3）磨刀时应戴防护眼镜，以免砂砾和铁屑飞入眼中。

（4）磨刀时不要正对砂轮的旋转方向站立，以防意外。

（5）磨小刀头时，必须把小刀头装到刀杆上。

（6）砂轮支架与砂轮的间隙不得大于3 mm，若发现过大，应调整适当。

（7）刃磨高速钢刀具时要注意刀头的冷却，随时沾水，防止温度过高发生退火；刃磨硬质合金刀时不能沾水，否则硬质合金突遇冷水会崩裂。

工作单

任 务 名 称	具体操作内容		
工量具 准 备	砂轮机、90°外圆车刀、45°端面车刀	签 名	本人
			组员
刃磨90°外圆车刀	1. 刃磨主偏角为90°； 2. 刃磨副偏角为5°~10°； 3. 刃磨主后角及副后角为6°~8°； 4. 刃磨前角为10°~20°； 5. 刃磨刃倾角为正值	签 名	本人
			组员
刃磨45°端面车刀	1. 刃磨主偏角、副偏角为45°； 2. 刃磨前角为0°； 3. 刃磨主后角及副后角为6°~8°； 4. 刃磨刃倾角为0°	签 名	本人
			组员
小结			

课后反馈

一、理论题

（1）车刀按材料可分为哪两种？

（2）车刀由什么组成？

（3）后角的作用是什么？

（4）前角的作用是什么？

（5）刃倾角为负值时，切屑流向哪里？

（6）砂轮分为哪两种？

（7）刃磨车刀时，操作者是否能站在砂轮机前方？

二、实训报告

完成本任务实训报告。

任务二　车刀的安装

任务书

任务目标	1. 了解车刀安装要求； 2. 准确、迅速地安装车刀	
任务 图样 （图2-12）		
	图2-12　安装90°外圆车刀及45°端面车刀	

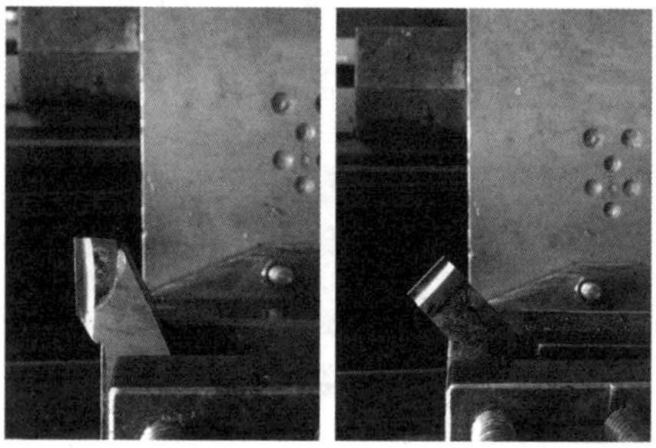

续表

| 思考题 | 1. 车刀安装时，刀头可以向外伸很长吗 |
| | 2. 车刀安装时刀尖是否可以不对准工件中心 |

学习指导

一、车刀安装的要求

车刀安装的正确与否，将直接影响切削能否顺利进行和工件的加工质量。安装车刀时应注意下列几个问题：

（1）车刀不能伸出刀架太长，应尽可能地伸出短些。因为车刀伸出过长，刀杆刚性相对减弱，切削时在切削力的作用下容易产生振动，使车出的工件表面不光洁。一般车刀伸出的长度为刀杆厚度的 1~1.5 倍。

（2）车刀刀尖应对准工件的中心［图 2-13（b）］。车刀安装得过高或过低都会引起车刀角度的变化而影响切削。当车刀刀尖高于工件中心时［图 2-13（a）］，会使后角减小，增大车刀后刀面与工件间的摩擦；当车刀刀尖低于工件中心时［图 2-13（c）］，会使前角减小，导致切削不顺利。

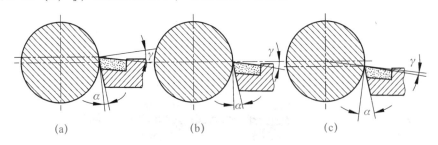

图 2-13　装刀高低对前后角的影响

（a）太高；（b）正确；（c）太低

（3）装车刀用的垫片要平整，并与刀架端面对齐，且尽可能地减少片数，一般只用 2~3 片。如垫刀片的片数太多或不平整，会使车刀产生振动，影响切削。

（4）车刀刀杆中心线应与进给方向垂直，否则会使主偏角和副偏角的数值发生变化，如图 2-14 所示。

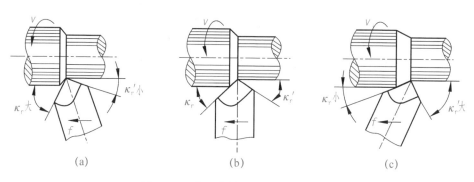

图 2-14　车刀装偏对主副偏角的影响

（a）主偏角增大，副偏角减小；（b）正确；（c）主偏角减小，副偏角增大

（5）车刀装上后，要紧固刀架螺钉，一般要紧固两个螺钉。紧固时，应轮换逐个拧紧。同时要注意，一定要使用专用扳手，不允许再加套管等，以免使螺钉受力过大而折断。

二、车刀的安装

1. 车刀对准工件中心的方法

（1）根据车床的主轴中心高，用钢直尺辅助测量装刀，如图 2-15 所示。

（2）利用车床前顶尖进行对刀，如图 2-16 所示。

（3）目测车刀安装的高低，用试车法车削端面，通过观察端面中心高低来调整车刀。

图 2-15　用钢直尺辅助测量对刀

图 2-16　用前顶尖对刀

2. 45°、90°车刀的安装

这两种车刀除了上面介绍的安装要求外，还应注意以下几点：

（1）用45°车刀车端面时，车刀的刀尖要严格对准工件中心，否则车削后工件端面中心处会留有凸头，如图2-17（a）所示。使用硬质合金刀时，如不注意这一点，车削到中心处会使刀尖崩碎，如图2-17（b）所示。

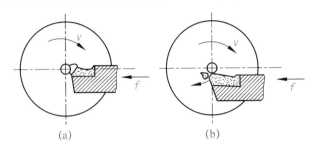

(a)   (b)

图2-17   车刀刀尖不对准工件中心的后果

（2）安装90°车刀时，必须使主切削刃与工件轴线之间的夹角等于或大于90°，否则车出来的阶台面与工件轴线不垂直。

工作单

任务 名称	具体操作内容		
工量具 准备	刚直尺、前顶尖、90°外圆车刀、45°端面车刀	签 名	本人
			组员
安装90°外圆车刀	1. 刀尖严格对准工件中心； 2. 刀杆伸出长度为刀杆厚度的1~1.5倍； 3. 安装角度合理	签 名	本人
			组员
安装45°端面车刀	1. 左侧刀尖严格对准工件中心； 2. 刀杆伸出长度为刀杆厚度的1~1.5倍； 3. 安装角度合理	签 名	本人
			组员
小结			

课后反馈

一、理论题

（1）一般车刀伸出长度为多少？

（2）当车刀刀尖高于工件中心时，会有什么后果？

（3）当车刀刀尖低于工件中心时，会有什么后果？

二、实训报告

完成本任务实训报告。

项目三　车削轴类工件

机器中带有回转面的零件有很多，轴类工件就是其中非常重要的一种，车削加工轴类工件在切削加工中占有重要的地位，相关加工工艺也在不断进步完善，学习永远在路上。本项目我们将对轴类工件进行车削加工。

大国重器·
造血通脉

┃　任务一　正确装夹工件

学习指导

三爪装夹

一、轴类工件的装夹

车削加工时，工件必须在机床夹具中定位和夹紧，使它在整个切削过程中始终保持在正确的位置。根据轴类工件的形状、大小和加工数量不同，常用以下几种方法装夹工件。

1. 用三爪自定心卡盘装夹

自定心卡盘的3个卡爪是同步运动的，能自动定心，工件装夹后一般不需要找正。

三爪卡盘装夹工作

优点：自定心卡盘装夹工件方便、省时、自动定心好。

缺点：夹紧力较小。

　　四爪单动卡盘装夹适用于装夹外形规则的中、小型工件。其可装成正爪或反爪两种形式，反爪用来装夹直径较大的工件。

2. 用四爪单动卡盘装夹

四爪装夹

　　四爪单动卡盘（图 3-1）的 4 个卡爪是各自独立运动的，因此工件在装夹时必须将工件的旋转中心找正到与车床主轴旋转中心重合后才可车削。

　　优点：夹紧力较大。

　　缺点：卡盘找正比较费时。

　　四爪单动卡盘装夹适用于装夹大型或形状不规则的工件。

图 3-1　四爪单动卡盘

3. 用两顶尖装夹

　　对于较长或必须经过多道工序才能完成的轴类工件，如长轴、长丝杠的车削，为保证每次安装时的精度，可用两顶尖装夹工件（图 3-2）。使用时，前、后顶尖要对齐，其连线应与车床主轴轴线同轴。

　　优点：两顶尖装夹工件方便，不需要找正，装夹精度高。

　　缺点：用两顶尖装夹工件，必须先在工件端面钻出中心孔，夹紧力较小。

用两顶尖
装夹工件

　　两顶尖装夹适用于工件较长、工序较多、形位公差要求较高的工件。

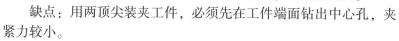

图 3-2　两顶尖装夹

1—前顶尖；2—鸡心夹头；3—工件；4—后顶尖

1）中心孔的形状（图 3-3）

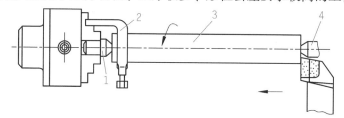
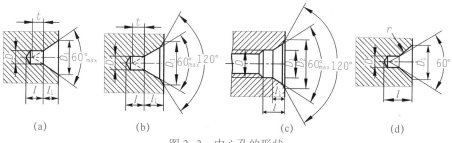

(a)　　　　(b)　　　　(c)　　　　(d)

图 3-3　中心孔的形状

(a) A 型；(b) B 型；(c) C 型；(d) R 型

中心孔的作用及应用场合见表3-1。

表3-1 中心孔的作用及应用场合

类型	作用	应用场合
A型	圆锥孔与顶尖锥面配合，起定心作用并承受工件重力和切削力。圆柱孔用来存储润滑油，并防止顶尖尖部触及工件	适用于精度要求不高的工件，应用较广
B型	用来防止60°锥面被碰伤而影响中心孔的精度	适用于精度要求较高、加工工序较多的工件
C型	用于轴端部零件的轴向固定	适用于需要将其他工件固定在轴上的场合
R型	变面接触为线接触，起一定的调心作用	适用于需要自动矫正少量位置偏差的工件

中心孔的尺寸以圆柱孔直径 D 为准。

直径为6.3 mm以下的中心孔常用高速钢制成的中心钻（图3-4）直接钻出。

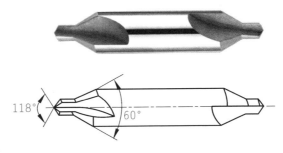

图3-4 中心钻

2）中心钻折断的原因

（1）中心钻轴线与工件旋转中心不一致，使中心钻受到一个附加力而折断。

（2）工件端面没车平或中心处留有凸头，使中心钻不能准确地定心而折断。

（3）切削用量选用不合适，如工件转速太低而中心钻进给太快，使中心钻折断。

（4）中心钻磨钝后强行钻入工件也易折断。

（5）没有浇注充分的切削液或没及时清除切屑，以致切屑堵塞而折断中心钻。

3）用两顶尖装夹工件时的注意事项

（1）前后顶尖的连线应与车床主轴轴线同轴，否则车出的工件会产生锥度。

（2）在不影响车刀切削的前提下，尾座套筒应尽量伸出短些，以增加刚性、减少振动。

（3）中心孔形状应正确，表面粗糙度要小。

（4）由于中心孔与顶尖间产生滑动摩擦，如果后顶尖用固定顶尖，应在中心孔内加工业润滑脂（黄油）。

（5）两顶尖与中心孔的配合必须松紧合适。

4）顶尖

顶尖的作用是定中心，承受工件的重力和切削力。顶尖分为前顶尖和后顶尖两类。

顶尖

（1）前顶尖。

前顶尖的类型有两种，一种是插入主轴锥孔内的前顶尖，另一种是夹在卡盘上的、自制的、有60°锥角的钢制前顶尖（图3-5）。前顶尖卸下后再次使用时必须将锥面再车一刀，以保证顶尖锥面的轴线与车床主轴旋转中心同轴。

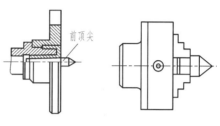

图3-5　前顶尖

优点：制造安装方便，定心准确。

缺点：顶尖硬度不高，容易磨损，车削过程中容易抖动。

（2）后顶尖

插入尾座套筒锥孔中的顶尖叫后顶尖，后顶尖有固定顶尖［图3-6（a）、图3-6（b）］和活顶尖［图3-6（c）］两种。

①固定顶尖、硬质合金固定顶尖。

优点：刚性好，定心准确，切削时不易产生振动。

缺点：工件与中心孔之间有相对滑动，易磨损，产生高热，不能高速车削。

固定顶尖适用于低速加工精度要求较高的工件。

②活顶尖。

优点：能在较高的转速下正常工作。

缺点：活顶尖存在一定的装配累积误差；当滚动轴承磨损后，会使顶尖产生跳动，从而降低加工精度。

活顶尖适用于高速车削精度不高的工件。

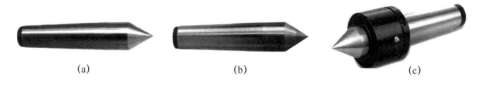

(a) 　　　　　　　　(b) 　　　　　　　　(c)

图3-6　后顶尖

（a）固定顶尖；（b）硬质合金固定顶尖；（c）活顶尖

5）拨盘和鸡心夹头

工件一般不能由前、后顶尖直接带动旋转，必须通过拨盘和鸡心夹头带动旋转。拨盘装在车床主轴上，盘面有两种形状，一种是有 U 形槽的拨盘 1，用来拨弯尾鸡心夹头 2 ［图 3-7（a）］；另一种是装有拨杆的拨盘 1，用来拨直尾鸡心夹头 2 ［图 3-7（b）］。鸡心夹头的一端与拨盘连接，另一端装有方头螺钉 3 用来紧固工件。

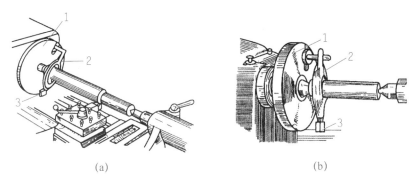

(a)   (b)

图 3-7　用鸡心夹头装夹工件

（a）有 U 形槽的拨盘；（b）装有拨杆的拨盘

1—拨盘；2—鸡心夹头；3—方头螺钉

4. 用一夹一顶装夹

用两顶尖装夹工件虽然精度高，但刚性较差。因此，车削一般轴类工件，尤其是较重的工件，不能用两顶尖装夹，而用一端夹住，另一端用后顶尖顶住的装夹方法。为了防止工件由于切削力的作用而产生轴向位移，必须在卡盘内装一限位支承 ［图 3-8（a）］，或利用工件的阶台限位 ［图 3-8（b）］。这种方法较安全，能承受较大的轴向切削力，因此应用很广泛。

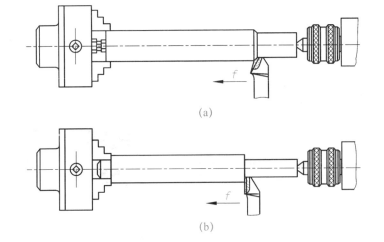

(a)

(b)

一夹一顶
装夹工件

图 3-8　用卡盘顶尖限位

（a）用限位支承限位；（b）用工件的阶台限位

二、工件的夹紧

工件的夹紧要注意夹紧力与装夹部位，夹毛坯时夹紧力可大些；对已加工表面夹紧力不可过大，为防止夹伤工件表面，可用铜皮包住装夹；有阶台的工件尽量让阶台靠着卡爪端面装夹；带孔的薄壁件需使用专用夹具装夹，防止变形。

三、工件的找正

由于卡爪磨损或者工件毛坯外圆不圆，装夹后工件易产生较大偏差。找正过程就是把加工的工件安装在卡盘上，使工件的中心与车床主轴旋转中心同轴的过程。

如果不进行找正，会造成：

（1）车削时工件单面车削，导致车刀磨损且车床产生振动。

（2）加工余量少的工件，很可能会造成工件车不圆而报废。

（3）加工余量相同的工件，会增加车削次数，浪费时间。

找正方法：

（1）目测法。工件夹在卡盘上使工件旋转，观察工件跳动情况，找出最高点，用铜棒敲击最高点，再旋转工件，观察工件跳动情况，再敲击最高点，直至工件找正为止，最后把工件夹紧。

（2）使用划针盘和百分表找正。使用划针盘时，找正外圆位置 1 和位置 2 两点。先找正位置 1 外圆，后找正位置 2 外圆。找正位置 1 时，可看出工件是否圆整；找正位置 2 时，用铜棒敲击靠近划针尖的外圆处，直到工件旋转一周、两处划针尖到工件表面距离均等时为止［图 3-9（a）］。使用百分表和划针盘方法一样，当两个百分表指针一样时，工件就找正了，如图 3-9（b）所示。

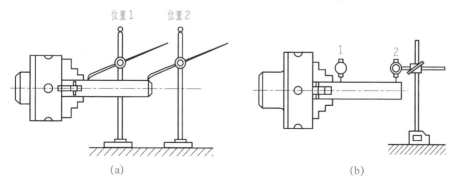

图 3-9　找正的方法

（a）用划针盘对外圆找正；（b）用百分表对外圆找正

四、操作注意事项

（1）工件装夹要牢固，卡盘扳手要随时取下。

（2）对已加工表面进行装夹时，为防止工件被夹伤，应垫铜皮。

（3）鸡心夹头必须牢固地夹住工件，以免切削时工件移动打滑、损坏车刀。

（4）找正工件时，主轴应放在空挡位置，否则会给卡盘转动带来困难。

工作单

任 务 名 称	具体操作内容		
工量具 准 备	工件、百分表、划针盘	签 名	本人	
			组员	
在三爪卡盘上装 夹、找正工件	1. 工件装夹牢固； 2. 工件外圆跳动小于0.4 mm； 3. 安全事项到位	签 名	本人	
			组员	
小 结				

课后反馈

一、理论题

（1）三爪自定心卡盘的反爪有什么作用？

（2）对已加工表面进行装夹，该如何处理？

（3）顶尖有哪两种？

（4）什么叫找正过程？

二、实训报告

完成本任务实训报告。

任务二　车削相关知识

任务书

任务目标	1. 了解切削用量； 2. 了解积屑瘤； 3. 掌握断屑的方法； 4. 掌握控制表面粗糙度的方法
思考题	1. 切削用量有哪些
	2. 切屑有哪些形状

学习指导

一、车削运动与切削用量

1. 车削运动

车削的切削运动主要指工件的旋转运动（图 3-10）和车刀的直线运动（图 3-11）。车刀的直线运动又叫进给运动，进给运动分为纵向进给运动和横向进给运动。

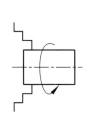

图 3-10　工件的旋转运动

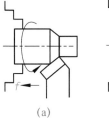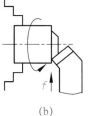

(a)　　　　　　(b)

图 3-11　进给运动

（a）纵向进给；（b）横向进给

（1）主运动。车削时形成切削速度的运动叫主运动。工件的旋转运动就是主运动。

（2）进给运动。使工件多余材料被车去的运动叫进给运动。车外圆车刀的直线运动是纵向进给运动，车端面、切断、车槽车刀的直线运动是横向进给运动。

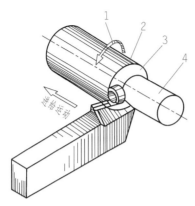

图 3-12　车削运动和工件上的表面

1—主运动；2—待加工表面；
3—过渡表面；4—已加工表面

2. 车削时工件上形成的表面

车削时工件上有 3 个不断变化的表面，如图 3-12 所示。

（1）待加工表面。工件上将要被车去多余金属的表面。

（2）已加工表面。已经车去金属层而形成的新表面。

（3）加工表面，又叫过渡表面。刀具切削刃在工件上形成的表面，即连接待加工表面和已加工表面之间的表面。

3. 切削用量

切削用量是指切削速度 v_c、进给量 f、背吃刀量 a_p 三者的总称，也称为切削用量三要素。它们是调整刀具与工件间相对运动速度和相对位置所需的工艺参数，定义如下：

（1）切削速度 v_c。切削刃上选定点相对于工件主运动的瞬时速度。计算公式如下：

$$v_c = \frac{n\pi d_w}{1\ 000} \tag{3-1}$$

式中　v_c——切削速度（m/min）；

　　　d_w——工件待加工表面直径（mm）；

　　　n——工件转速（r/min）。

在计算时应以最大的切削速度为准，切削速度随车削直径的减小而减小。

（2）进给量 f。工件每转一圈时，刀具沿进给运动方向移动的距离叫进给量，单位是 mm/r。

（3）背吃刀量 a_p。车削时工件上待加工表面与已加工表面间的垂直距离。根据此定义，如在车外圆时，其背吃刀量可按下式计算：

$$a_p = \frac{d_w - d_m}{2} \tag{3-2}$$

式中　d_w——工件待加工表面直径（mm）；

　　　d_m——工件已加工表面直径（mm）。

【例 3-1】 车削直径为 40 mm 的工件，若选主轴转速为 575 r/min，求切削速度的大小。

解　根据公式（3-1）可得：

$$v_c = \frac{n\pi d_w}{1\ 000}$$

$$= \frac{575 \times 3.14 \times 40}{1\ 000} = 72.22 \ (\text{m/min})$$

4. 切削用量的选择

在实际生产中，有时虽操作同样的机床、加工同样的工件，但由于切削用量选择不同，却会造成完全不同的效果。切削用量选得过低，会降低生产率而完不成任务；切削用量选得过高，会加快车刀磨损，增加磨刀次数。因此，必须选择合理的切削用量。

1）选择切削用量的意义

合理选择切削用量对提高劳动生产率、延长车刀使用寿命、保证加工质量、增加经济效益都有十分重要的意义。切削用量是否合理的标准如下：

（1）是否保证工件表面的加工质量。

（2）在机床刚性允许的条件下是否能充分发挥机床的功率。

（3）在保证加工质量和刀具寿命的条件下是否能充分发挥刀具的切削性能。

2）选择切削用量的原则

（1）粗车时切削用量的选择。

粗车时，应尽量保证较高的金属切除率和必要的刀具耐用度，这是为了尽快地把多余材料切除，提高劳动生产率。

选择切削用量时应首先选取尽可能大的背吃刀量，其次根据机床动力和刚性的限制条件，选取尽可能大的进给量，最后根据刀具耐用度要求，确定合适的切削速度。增大背吃刀量可使走刀次数减少，增大进给量有利于断屑。

（2）半精车、精车时切削用量的选择。

选择半精车、精车的切削用量时，应着重考虑如何保证加工质量，并在此基础上尽量提高生产率。因此，应选用较小（但不能太小）的背吃刀量和进给量，并选用性能高的刀具材料和合理的几何参数，以尽可能提高切削速度。

二、积屑瘤

切削速度不高而又能形成连续切削，加工一般钢材或其他塑性材料，常在前刀面刀尖处黏着一块剖面呈三角状的硬块，称为积屑瘤，如图3-13所示。

1. 积屑瘤的形成

用中等切削速度车削塑性材料的金属时，由于切屑和前刀面的剧烈摩擦，当切削温度达到300°左右，而摩擦力超过切屑内部结合力时，一部分金属离开切

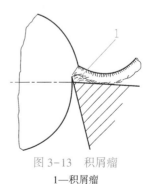

图3-13 积屑瘤
1—积屑瘤

屑被黏附到前刀面上，便形成积屑瘤。

2. 积屑瘤对加工的影响

优点：

（1）积屑瘤的硬度比原材料的硬度要高，可代替刀刃进行切削，提高了刀刃的耐磨性。

（2）同时积屑瘤的存在使得刀具的实际前角变大，刀具变得较锋利。

缺点：积屑瘤的存在，实际上是一个形成、脱落、再形成、再脱落的过程。

（1）部分脱落的积屑瘤会黏附在工件表面上。

（2）刀具刀尖的实际位置也会随着积屑瘤的变化而改变。

（3）由于积屑瘤很难形成较锋利的刀刃，在加工中会产生一定的振动，所以这样加工后所得到的工件表面质量和尺寸精度都会受到影响。

总之，粗车时产生积屑瘤有一定的好处，但精车时要避免积屑瘤的产生，即使用高速钢车刀选低的切削速度，使用硬质合金车刀选高的切削速度。

三、断屑

金属切削过程就是把多余金属变成切屑的过程，切屑在排出的过程中如果遇见障碍物，将加速切屑的变形，如果变形超过了材料的极限强度，切屑就自行折断，这就是断屑。

1. 切屑的形状

因工件材料、车刀几何角度及切削用量的不同，切屑的形状也是多种多样。车塑性材料的金属时，常会形成"C"字形切屑、带状切屑和螺旋状切屑等，如图 3-14 所示。

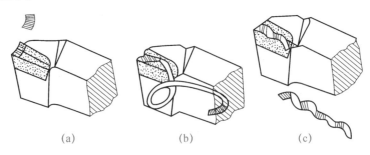

(a)　　　　　　　(b)　　　　　　　(c)

图 3-14　切屑的形状

(a)"C"字形切屑；(b) 带状切屑；(c) 螺旋状切屑

2. 影响断屑的因素

车削时影响断屑的因素较多，但对断屑影响最大的是：车刀的几何角度、切削用量、断屑槽的尺寸与形状

1）车刀的几何角度

对断屑影响最大的车刀几何角度为前角和主偏角，其影响见表3-2。

表3-2 车刀几何角度对断屑的影响

角度	增大/减小	影响
前角	增大	切屑变形小，不易断屑
	减小	切屑变形大，易断屑
主偏角	增大	切屑厚度增大，切屑卷曲变形大，易断屑
	减小	切屑厚度减小，切屑卷曲变形小，不易断屑

2）切削用量

对断屑影响最大的切削用量是进给量，其次是背吃刀量和切削速度，其影响见表3-3。

表3-3 切削用量对断屑的影响

切削用量	增大/减小	影响
进给量	增大	切屑厚度增大，切屑卷曲变形大，易断屑
	减小	切屑厚度减小，切屑卷曲变形小，不易断屑
背吃刀量	增大	切削力增大，切屑卷曲变形小，不易断屑
	减小	切削力减小，切屑卷曲变形大，易断屑
切削速度	增大	切屑塑性增大，变形减小，不易断屑
	减小	切屑塑性减小，变形增大，易断屑

3）断屑槽的尺寸与形状

断屑槽有直线形、圆弧形和直线圆弧形等几种，如图3-15所示。

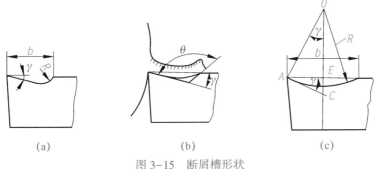

(a)　　　　　　　　(b)　　　　　　　　(c)

图3-15 断屑槽形状

（a）直线圆弧形；（b）直线形；（c）圆弧形

直线圆弧形断屑槽由一段直线和一段圆弧组成，断屑槽的宽度 b 小，使切屑的卷曲半径小，切屑变形大，易断屑。

直线形断屑槽由两条直线相交而成，两条直线的夹角 θ 称为槽底角。槽底角小，切屑卷曲半径小，切屑变形大，易断屑。

圆弧形断屑槽由一条圆弧组成，适用于紫铜、不锈钢之类的高塑性材料。进给量和背吃刀量大的时候，断屑槽应宽些。

四、表面粗糙度

表面粗糙度是指零件表面上所具有的较小间距和峰谷所组成的微观不平度。表面粗糙度对工件的耐磨性、疲劳强度等都有很大的影响。

1. 影响表面粗糙度的因素

影响表面粗糙度的因素主要有残留面积、积屑瘤和振动等。

车削时，车刀主、副切削刃在工件加工表面上留有痕迹，这些未被切除部分的截面积就是残留面积。

2. 表面粗糙度值大的表现现象、原因及解决措施（表3-4）

生产中若发现工件表面粗糙度达不到技术要求，应首先观察表面粗糙度值大的现象，其次分析并找出影响表面粗糙度的主要因素，最后提出解决办法。

表3-4 表面粗糙度值大的表现现象、原因及解决措施

表现现象	原因	解决措施
残留面积中的残留高度较高	车刀几何形状与进给量不合理引起的	1. 减小主偏角和副偏角； 2. 增大刀尖圆弧半径； 3. 减小进给量
工件表面有硬点或毛刺	积屑瘤脱落嵌入工件表面	1. 使用高速钢车刀，选择较低的切削速度； 2. 使用硬质合金车刀，选择较高的切削速度
工件表面有振纹	1. 工件产生振动； 2. 车刀刀头伸出过长	1. 找出振动的地方，进行校正装夹； 2. 按标准装夹车刀
表面磨损有亮斑	刀具已严重磨损	1. 及时更换车刀或重磨车刀； 2. 合理选用切削液，保证充分冷却润滑

五、切削液

车削过程中合理选用切削液，可减小车削过程中产生的摩擦力和降低切削温度，减小工件的热变形及表面粗糙度，保证加工精度，延长车刀使用寿命和提高生产率。

1. 切削液的作用

（1）冷却作用。切削液可带走车削时产生的大量热量，改善切削条件，起

到冷却工件和刀具的作用。

（2）润滑作用。切削液可渗透到工件表面与刀具各刀面之间，减小摩擦。

（3）清洗作用。切削液流动时，可把粘到工件和刀具上的细小切屑冲掉，防止拉毛工件。

（4）防锈作用。切削液中加入防锈剂，可保护工件、车床、刀具免受腐蚀。

2. 切削液的种类

（1）乳化液。把乳化油加入 15～20 倍的水稀释而成。乳化油可吸收切削热中的大量热量，主要起冷却作用。

（2）切削油。切削油的主要成分是矿物油，主要起润滑作用。常用的有全系统损耗油、煤油、柴油等。

3. 切削液的选择

切削液应根据工件的材料、刀具材料、加工工艺要求来进行合理选择。

（1）粗加工时，背吃刀量大、进给快、产生热量多，应选乳化液。

（2）精加工时，要保证精度、表面粗糙度，应选择切削油。

（3）使用高速钢车刀应加注切削液，使用硬质合金车刀一般不加注切削液。

（4）车削脆性材料如铸铁，一般不加注切削液，若加只能加注煤油。

工作单

任务名称	具体操作内容			
计算切削 用量	车削一轴类工件，直径为 50 mm，若切削速度选择 80 m/min，则转速应为多少	签名	本人	
			组员	
小结				

课后反馈

一、理论题

（1）车削的主运动是什么？

（2）工件在车削时会形成哪三个表面？

（3）粗车时，背吃刀量如何选择？

（4）什么叫积屑瘤？

（5）影响断屑的因素有哪些？

（6）影响表面粗糙度的因素有哪些？

（7）工件表面有硬点和毛刺是由什么原因引起的？

二、实训报告

完成本任务实训报告。

任务三　车削外圆

任务书

任务目标	1. 掌握车削端面、外圆和倒角的方法，在精确计算中培养学生的"工匠精神"； 2. 掌握车削阶台的方法； 3. 掌握轴类工件测量的方法； 4. 学会对工件进行质量分析
任务 图样 （图3-16）	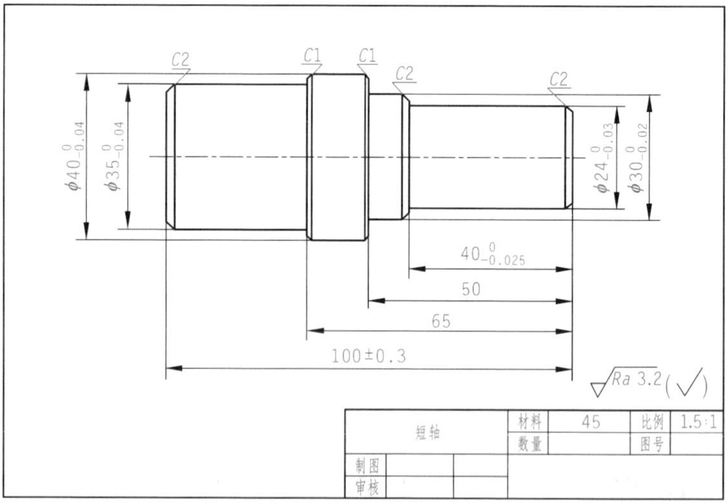 图 3-16　短轴
思考题	1. CDS6132 车床的中滑板丝杠螺距为多少 2. 车削阶台的方法有哪些

学习指导

一、车削端面、外圆和倒角

1. 车削端面的方法

（1）启动车床使工件旋转。

（2）移动床鞍或小滑板，使 45° 端面车刀左刀尖轻微接触工件端面。

（3）反向摇出中滑板。

（4）移动床鞍或小滑板控制进刀深度。

（5）摇动中滑板进行进给，直至车到中心并退刀。

2. 车削外圆的方法

1）车削外圆的一般步骤（图 3-17）

（1）按要求装夹和校正工件。

（2）按要求装夹车刀，调整合理的转速和进给量。

（3）用手摇动床鞍和中滑板的进给手柄，使车刀刀尖靠近并接触工件右端外圆表面。

（4）反向摇动床鞍手柄，使车刀向右离开工件端面 3～5 mm。

（5）摇动中滑板手柄，使车刀做横向进给，进给量为选定的背吃刀量。

手动车削外
圆与端面

机动车削端
面与外圆

倒角

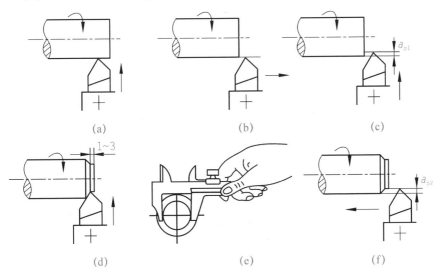

图 3-17　车削外圆的一般步骤

（a）开车对刀，使车刀和工件表面轻微接触；（b）向右退出车刀；（c）按要求横向进给 a_{p1}；

（d）试切 1～3 mm；（e）向右退出、停车、测量；（f）调整切深至 a_{p2} 后，自动进给车外圆

（6）合上进给手柄，使车刀纵向进给车削工件 3~5 mm 后（不动中滑板）将车刀纵向快速退回。停车测量工件，与要求的尺寸比较，得出需要修正的切削深度，摇动中滑板重新调整切削深度。

（7）合上进给手柄，待车削到尺寸时停止进给，退出车刀，停车检查。

试切法

2）刻度盘的原理和应用

车外圆时，背吃刀量可利用中滑板的刻度盘来控制。

中滑板刻度盘安装在中滑板丝杠上。当中滑板的摇动手柄带动刻度盘转一周时，中滑板丝杠也转一周。这时固定在中滑板上与丝杠配合的螺母沿丝杠轴线方向移动了一个螺距，因此，安装在中滑板上的刀架也移动了一个螺距。例如，CDS6132 车床的中滑板丝杠螺距为 5 mm，当手柄转一周时，刀架就移动了 5 mm。刻度盘圆周等分为 250 格，每当刻度盘转过一格时，中滑板则移动了 5 mm/250 = 0.02 mm。所以中滑板刻度盘转过一格，车刀横向移动的距离可按下列公式计算：

$$k = \frac{P}{n}$$

式中　P——中滑板丝杠的螺距，单位为 mm；

　　　n——刻度盘圆周上等分格数。

消除空行程

小滑板刻度盘原理与中滑板相同，主要用来控制车刀短距离的纵向移动。

使用中、小滑板刻度盘时应注意的内容：

（1）由于丝杠与螺母之间有间隙，因此，在使用刻度盘时会产生空行程（刻度盘转动，而刀架并未移动）。根据加工的需要把刻度盘转到所需的位置，如果不慎多转了几格，不能直接退回多转的格数，必须向相反的方向退回全部空行程，再将刻度盘转到正确的位置，如图 3-18 所示。

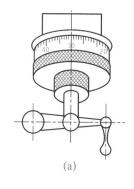
(a)

(b)

(c)

刻度盘的使用

图 3-18　刻度盘用法

(a) 错误：要求手柄转至 30，但转过头成 40 了；(b) 错误：直接退至 30；
(c) 正确：反转约一周后再转至所需位置 30

（2）由于工件在加工时是旋转的，在使用中滑板刻度盘时，车刀横向进给后的切除量正好是背吃刀量 a_p 的两倍。因此，中滑板刻度盘控制的背吃刀量是外圆余量的 1/2。小滑板的刻度值，表示工件长度方向的切除量。

二、车削阶台

在同一工件上，有几个直径大小不同的圆柱体连接在一起像阶台一样，称为阶台工件。阶台工件的车削，实际就是外圆和端面车削的组合。所以，在车削时必须兼顾外圆的直径和阶台的长度。

车削阶台时，可用 90° 外圆车刀，只要控制住阶台长度，自然可以得到阶台面。应当注意，安装车刀时，必须使车刀主切削刃与工件轴线之间的夹角等于 90° 或大于 90°，否则，车出来的阶台面与工件轴线不垂直。具体操作是精车外圆到阶台长度后，停止纵向进给，手摇中滑板手柄使车刀慢慢均匀退出，即把端面精车一刀，完成加工，如图 3-19 所示。

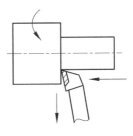

图 3-19　阶台车削法

车削阶台时，应准确掌握阶台的轴向长度尺寸。控制阶台长度有三种方法。

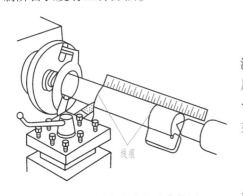

图 3-20　刻线痕确定阶台位置

刻线法车台阶

1. 刻线法

先用钢直尺、样板或游标卡尺量出阶台的长度尺寸，再用车刀刀尖在阶台的位置车出细线，然后再进行车削，如图 3-20 所示。

2. 用床鞍纵向刻度盘控制阶台长度

CDS6132 车床床鞍纵向刻度盘一格等于 1 mm，所以，可根据阶台长度计算出床鞍纵向刻度盘手柄摇动的格数。

3. 用挡铁控制阶台长度

在成批量生产阶台轴时，为了准确迅速地掌握阶台长度，可用挡铁定位来控制，如图 3-21 所示。先把挡铁 1 固定在床身导轨的某一个适当位置上，与图上阶台 a_3 的阶台面轴向位置一致。挡铁 2 和 3 的长度分别等于 a_2、a_1 的长度。当床鞍纵向进给碰到挡铁 3 时，工件阶台长度 a_1 车好；拿去挡铁 3，调整好下一个阶台的背吃刀量，继续纵向进给；当床鞍碰到挡铁 2 时，阶台长度 a_2 车好；当床鞍碰到挡铁 1 时，阶台长度 a_3 车好。这样就完成了全部阶台的车削。用这种方法可减少大量的测量时间，阶台长度精度可达 0.1~0.2 mm。用卡盘顶尖安装工件时，在车床主轴锥孔内必须安装限位支承，以保证工件的轴向尺寸。

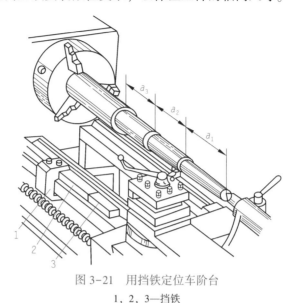

图 3-21　用挡铁定位车阶台

1，2，3—挡铁

三、轴类工件的测量

1. 游标卡尺

1）游标卡尺的结构形状

游标卡尺的结构形状如图 3-22 所示。它由主尺和副尺组成，紧固螺钉可旋松或拧紧游标。下量爪用来测量工件的外径或长度，上量爪可以测量孔径或槽宽，深度尺用来测量孔的深度和阶台长度。测量前先校正零位。测量时移动游标使量爪与工件接触，将螺钉旋紧，然后读数。

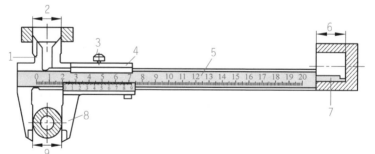

游标卡尺的结构

图 3-22　游标卡尺

1—上量爪；2—测量内表面；3—紧固螺钉；4—副尺；5—主尺；6—测量深度；
7—深度尺；8—下量爪；9—测量外表面

2）游标卡尺的刻线原理及读数方法

游标卡尺的读数精度是利用主尺和游标刻线间的距离之差来确定的。常用游标卡尺的精度有：0.1 mm、0.02 mm、0.05 mm。这里只对 0.02 mm 精度的游标卡尺做介绍。

（1）刻线原理。尺身每小格为 1 mm，游标刻线总长为 49 mm 并等分为 50 格，因此，每格为 49 mm/50＝0.98 mm，则尺身和游标 1 格之差为 1 mm－0.98 mm＝0.02 mm，所以，它的测量精度为 0.02 mm。

（2）读数方法。游标卡尺的读数分 3 步：

①读整数。读出游标零线左边靠近零线最近的尺身刻线数值，该数值就是被测件的整数部分。

②读小数。找出与尺身刻线相重合的游标刻线，将其顺序数乘以游标的精度值所得的积，即为被测件的小数值。

③求和。将上面两次读数值相加，就是被测工件的尺寸。

【例 3-2】读如图 3-23 所示尺寸。

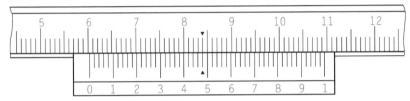

图 3-23   0.02 mm 精度游标卡尺读数方法

游标卡尺读数方法

第一步，读整数。由于游标 0 刻度线左边部分的尺身刻数是 60 mm，所以该示数整数部分为 60 mm。

第二步，读小数。由于是游标的第 24 条刻度线与尺身刻度线对齐，所以小数部分为：24×0.02 mm＝0.48 mm。

第三步，求和。把该示数的整数部分与小数部分相加得出该示数的数值，即：60 mm＋0.48 mm＝60.48 mm。

3）游标卡尺的使用方法及注意事项

（1）游标卡尺的使用方法。

①测量时，右手拿住尺身，大拇指移动游标，左手拿待测物体，使待测物位于测量爪之间，当与量爪紧紧相贴时，即可读数。

②测量时，应先拧松紧固螺钉，移动游标不能用力过猛，两量爪与待测物的接触不宜过紧，不能使被夹紧的物体在量爪内挪动。

游标卡尺使用方法

③读数时，视线应与尺面垂直。如需固定读数，可用紧固螺钉将游标固定在尺身上，防止滑动。

④实际测量时，对同一长度应多测几次，取其平均值来消除误差。

（2）使用游标卡尺的注意事项。

①游标卡尺是比较精密的测量工具，要轻拿轻放，不得碰撞或跌落地下。不

要用于测量粗糙的物体，以免损坏量爪；避免与刃具放在一起，以免刃具划伤游标卡尺的表面；不用时应置于干燥地方，防止锈蚀。

②应定期校验游标卡尺的精准度和灵敏度。

③游标卡尺使用完毕，用棉纱擦拭干净。长期不用时应将它擦上黄油或机油，两量爪合拢并拧紧紧固螺钉，放入卡尺盒内盖好。

2. 外径千分尺

外径千分尺是生产中最常用的精密量具之一，它的测量精度为 0.01 mm。因测微螺杆的长度受到制造上的限制，其移动量通常为 25 mm，所以千分尺的测量范围分别为 0~25 mm，25~50 mm，…，每隔 25 mm 为一挡规格。

1）外径千分尺的结构形状

外径千分尺的外形及结构如图 3-24 所示，它由尺架 1、毡座 2、测微螺杆 3、锁紧装置 4、螺纹轴套 5、固定套管 6、微分筒 7 和测力装置 10 等部分组成。

测量前千分尺必须校正零位。测量时，为防止尺寸变动，可转动锁紧装置 4 的手柄锁紧测微螺杆。

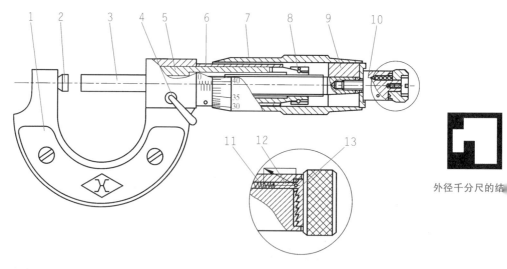

外径千分尺的结

图 3-24　外径千分尺的结构形状

1—尺架；2—毡座；3—测微螺杆；4—锁紧装置；5—螺纹轴套；6—固定套管；
7—微分筒；8—螺母；9—接头；10—测力装置；11—弹簧；12—棘轮爪；13—棘轮

2）外径千分尺的刻线原理及读数方法

（1）刻线原理。外径千分尺固定套管沿轴向刻度，每格为 0.5 mm。测微螺杆的螺距为 0.5 mm，当微分筒转 1 周时，测微螺杆就移动 1 个螺距 0.5 mm，微分筒的圆周斜面上共刻 50 个格。因此，微分筒转 1 格时，测微螺杆就移动 $\dfrac{0.5 \text{ mm}}{50} = 0.01 \text{ mm}$，所以，外径千分尺的测量精度为 0.01 mm。

（2）读数方法。外径千分尺的读数主要包括3步：

①读整数。从固定套管上露出来的刻线读出被测工件的整毫米数和半毫米数。

②读小数。在微分筒上找到与固定套管基准线对齐的刻度线值（如未对齐，可估读），将此刻度线数值乘以 0.01 mm 就是被测量的小数部分。

③求和。将上面两次读数值相加，就是被测工件的尺寸。在图 3-25（a）中，整刻度数为 12 mm，小数部分为第 24 条刻度线与固定套管的基准线对齐，即是 0.01 mm×24＝0.24 mm，这样工件的实际尺寸为 12 mm+0.24 mm＝12.24 mm；在图 3-25（b）中，整刻度数为 32.5 mm，小数部分为第 15 条刻度线与固定套管的基准线对齐，即是 0.01 mm×15＝0.15 mm，这样工件的实际尺寸为 32.5 mm+0.15 mm＝32.65 mm。

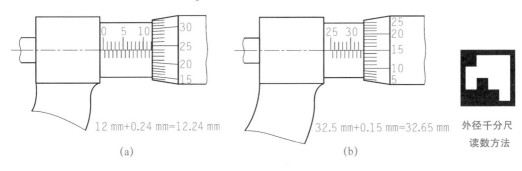

12 mm+0.24 mm=12.24 mm

（a）

32.5 mm+0.15 mm=32.65 mm

（b）

外径千分尺
读数方法

图 3-25　外径千分尺的读数方法

3）外径千分尺的使用方法及注意事项

（1）外径千分尺的使用方法。

①测量工件时，首先应转动微分筒，使测微螺杆快速地接近工件。

②当测微螺杆距离工件为 1mm 左右时，改用转动棘轮使测微螺杆接触工件。

外径千分尺使用

③测量时，用力要均匀，轻轻旋转棘轮，以响三声为旋转限度，即可读数。

（3）使用外径千分尺的注意事项。

①测量不同范围的零件时，应选用不同测量范围的千分尺。

②测量前要进行擦拭和检查，保持测量面清洁。

③测量前正确校对零位，即使固定套管上的零刻度线与微分筒上的零刻度线对齐。

④测量中要保持测微螺杆轴线与工件的被测尺寸方向一致，不许倾斜。

⑤使用时必须轻拿轻放，不可掉到地上。

四、轴类工件质量分析

车削轴类工件时产生废品的种类、原因及预防措施见表 3-5。

表 3-5　车削轴类工件时产生废品的种类、原因及预防措施

废品种类	产生原因	预防措施
尺寸精度达不到要求	看错图或刻度盘使用不当	认真看清图样要求，正确使用刻度盘，看清刻度值
	没有进行试切削	根据加工余量算出背吃刀量，进行试切削，然后修正背吃刀量
	由于切削热的影响，使工件尺寸发生变化	不能在工件温度较高时测量，应浇注冷却液，降低工件温度
	测量不正确或量具有误差	正确使用量具，且使用前要检查和调整零位
	尺寸计算错误	仔细计算工件各部分尺寸
	没及时关闭机动进给，使车刀进给长度超过阶台长	注意及时关闭或提前关闭机动进给，用手动进给至尺寸
表面粗糙度达不到要求	车床刚性不足，如滑板镶条太松或主轴太松引起振动	消除或防止车床刚性不足而引起的振动（如调整车床各部件的间隙）
	车刀刚性不足或伸出太长而引起振动	增加车刀刚性和正确装夹车刀
	车刀几何参数不合理，如选用过小的前角、后角和主偏角	合理选择车刀角度（如适当增大前角、后角和主偏角）
	切削用量选择不当	进给量不宜太大，精车的时候切削用量一定要合理
圆度超差	车床主轴间隙太大	车削前，检查主轴间隙并调整合适
	毛坯余量不均匀，切削过程中背吃刀量发生变化	分粗、精车
圆柱度超差	用一顶一夹或两顶尖装夹工件时，后顶尖轴线与主轴轴线不同轴	车削前，找正后顶尖，使之与主轴轴线同轴
	工件装夹时悬伸过长，车削时因切削力影响使前端让开一段距离，造成圆柱度误差	尽量减少工件的伸出长度，或另一端用顶尖支承，增加装夹刚性

工作单

任　务 名　称	具体操作内容			
工量具 准　备	90°车刀、45°车刀、游标卡尺、千分尺	签 名	本人	
			组员	
车削端面、 外圆和倒角	1. 用45°车刀练习车削端面及倒角； 2. 用90°车刀练习车削外圆	签 名	本人	
			组员	
加工工艺 路线	1. 应用切削用量相关知识对3-16图样进行加工工艺路线编制； 2. 要求规范合理 加工工艺路线：	签 名	本人	
			组员	
车削短轴	1. 工件装夹牢固； 2. 按照工艺路线要求进行车削； 3. 安全文明生产	签 名	本人	
			组员	
小 结				

参考工艺步骤

××职业中专学校	机械加工工序卡片	工件型号	01号	零(部)件图号		共2页
		工件名称		零(部)件名称	短轴	第1页

车间	车工室	工序号	01	工序名称		材料牌号	45钢
毛坯种类	圆钢	毛坯外形尺寸	毛坯 φ45 mm×105 mm			每台件数	1
设备名称	普通车床	设备型号	CDS6132	设备编号		同时加工工件数	1
夹具编号	1		夹具名称	三爪卡盘		切削液	
工位器具编号			工位器具名称			工序工时 准终	
						工步工时 机动	单件 辅助

工步号	工步内容	工艺装备	主轴转速/(r·min⁻¹)	切削速度/(m·min⁻¹)	进给量/(mm·r⁻¹)	切削深度/mm	进给次数
1	用三爪卡盘夹住毛坯外圆，露出长度不少于55 mm，用45°车刀削端面见光	游标卡尺（0~150 mm）	575				
2	用90°车刀粗、精车 φ40 mm，φ35 mm 两级台阶，保证两级台阶长度为 20 mm、35 mm	游标卡尺（0~150 mm）	800	60	0.09	1	1
3	用45°车刀倒角 C1、C2	游标卡尺（0~150 mm）	800				

备注：△为三爪卡盘夹紧符号。

续表

××职业中专学校	机械加工工序卡片	工件型号 工件名称	零(部)件图号 02号	零(部)件名称		共2页 第2页
车间	车工室	工序号	02	工序名称	短轴	材料牌号 45钢
毛坯种类	圆钢	毛坯外形尺寸	毛坯为工序01的成品			每台件数 1
设备名称	普通车床	设备型号	CDS6132	设备编号		同时加工件数 1
夹具编号	1	夹具名称	三爪卡盘			切削液
		工位器具编号		工位器具名称		工序工时 准终 / 单件

工步号	工步内容	工艺装备	主轴转速/(r·min⁻¹)	切削速度/(m·min⁻¹)	进给量/(mm·r⁻¹)	切削深度/mm	进给次数	工步工时 机动	辅助
1	调头垫铜皮夹住 φ35 mm 外圆部分，用45°刀车削端面见光，保证工件总长为100 mm	游标卡尺(0~150 mm)	575						
2	用90°刀粗、精车 φ30 mm、φ25 mm 两级外圆，保证台阶长度数值 40 mm、50 mm、65 mm	游标卡尺(0~150 mm)	800	60	0.09	1			
3	用45°刀倒角 C1, C2	游标卡尺(0~150 mm)	800						

零件图：φ25，φ30，尺寸 40、50、65，倒角 C1、C2

评分标准

班级：_____　　姓名：_____　　总分：_____

考检内容		评　分　标　准	配分	自评扣分	互评扣分	自评得分	互评得分
安全意识		严格按照安全操作规程，如有出错酌情扣分	10				
"7S" 要求		整理、整顿、清扫、清洁、素养、节约、安全	10				
长度尺寸	$C1$，$C2$	倒角不正确不给分	5				
	$40_{-0.25}^{0}$	每车大（车小）1 丝扣 1 分	10				
	50	超出尺寸很多不得分	5				
	65	超出尺寸很多不得分	5				
	100 ± 0.3	每车大（车小）1 丝扣 1 分	10				
直径尺寸	$\phi25_{-0.25}^{0}$	每车大（车小）1 丝扣 1 分	10				
	$\phi30_{-0.02}^{0}$	每车大（车小）1 丝扣 1 分	10				
	$\phi35_{-0.04}^{0}$	每车大（车小）1 丝扣 1 分	10				
	$\phi40_{-0.04}^{0}$	每车大（车小）1 丝扣 1 分	10				
表面质量		表面质量没达到 $Ra3.2\ \mu m$ 不给分	5				

课后反馈

一、工艺分析题

分析图 3-26 所示阶台轴的车削工艺。

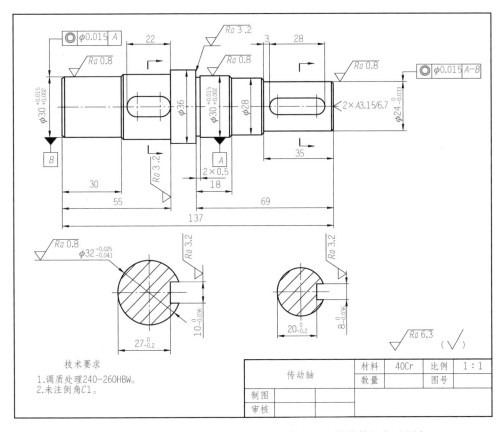

图 3-26 传动轴（选自"1+X"机械工程制图职业技能等级考试题库）

二、理论题

（1）车削外圆的一般步骤是什么？

（2）使用中小滑板产生空行程时，如何消除？

（3）车削阶台时，车刀主切削刃与工件轴线之间的夹角为多少度？

（4）游标卡尺可以测量哪些地方？

（5）千分尺的测量精度为多少？

三、实训报告

完成本任务实训报告。

任务四 车外沟槽与切断

任务书

任务目标	1. 了解切断刀几何角度并学会刃磨； 2. 掌握切断刀的安装方法； 3. 掌握外沟槽的车削及切断方法
任务 图样 （图3-27）	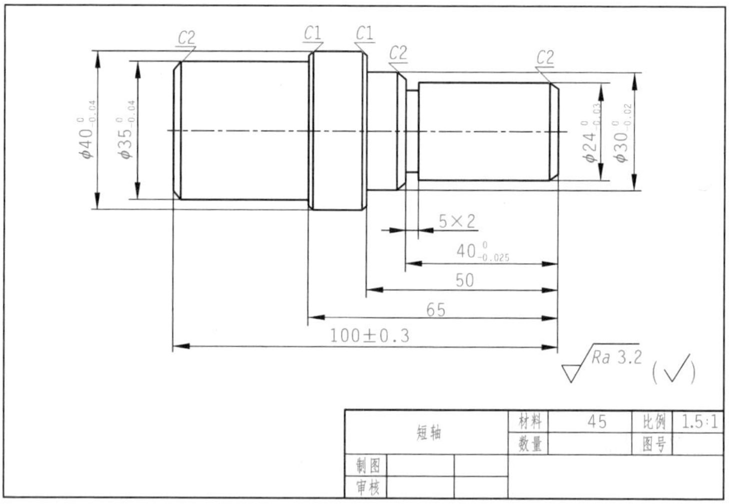 图3-27　短轴
思考题	1. 什么叫切断
	2. 切断刀的两个副后角是否必须要对称

学习指导

一、槽的种类

退刀槽在轴类工件中的主要作用是磨削外圆或车螺纹时使退刀方便。

在工件上加工各种形状的槽称为车外沟槽。常见的外沟槽有：外圆沟槽、45°外沟槽、外圆端面沟槽和圆弧沟槽等，如图3-28所示。

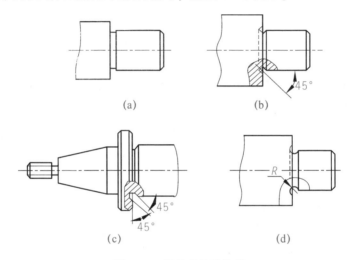

(a)　　　　　　　(b)

(c)　　　　　　　(d)

图3-28　常见的几种沟槽

（a）外圆沟槽；（b）45°外沟槽；（c）外圆端面沟槽；（d）圆弧沟槽

二、切断刀

切断刀以横向进给为主，前端的切削刃为主切削刃，两侧的切削刃都是副切削刃。一般切断刀主切削刃较窄，刀头较长，因此，刀头刚性较差，在选择刀头的几何参数和切削用量时应特别注意。

1. 高速钢切断刀（图3-29）

（1）前角 γ_0。切断中碳钢时 $\gamma_0 = 20° \sim 40°$，切断铸铁时 $\gamma_0 = 0° \sim 10°$。

（2）后角 α_0。切断塑性材料时取大些，切断脆性材料取小些，一般都取 $\alpha_0 = 6° \sim 8°$。

（3）副后角 α_0'。切断刀有两个对称的副后角 $\alpha_0' = 1° \sim 2°$，其作用是减少副后刀面与工件已加工表面的摩擦。

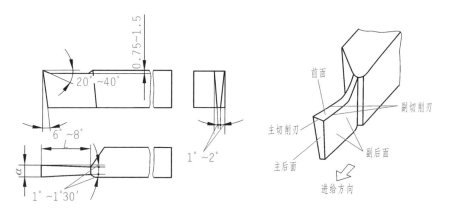

图 3-29 高速钢切断刀

（4）主偏角 k_r。切断刀以横向进给为主，因此 $k_r = 90°$。

（5）副偏角 k'_r。切断刀的两个副偏角也必须对称，它们的作用是减少副切削刃和工件的摩擦。为了不削弱刀头强度，一般取 $k'_r = 1° \sim 1°30'$。

（6）主切削刃宽度 a。主切削刃太宽会因切削力太大而振动；太窄会削弱刀头强度。因此，主切削刃宽度可用下面的经验公式计算：

$$a \approx (0.5 \sim 0.6)\sqrt{d_w} \qquad (3-3)$$

式中 a——主切削刃宽度，mm；

　　　d_w——工件加工表面直径，mm。

（7）刀头长度 L。刀头太长也容易引起振动和使刀头折断。刀头长度可用下面的公式计算：

$$L = h + (2 \sim 3) \qquad (3-4)$$

式中 L——刀头长度，mm；

　　　h——切入深度，mm。

【例 3-3】切断外径为 49 mm，内孔为 20 mm 的空心工件，试计算切断刀的主切削刃宽度和刀头长度。

解 根据式（3-3）、式（3-4）得：

$$a \approx (0.5 \sim 0.6)\sqrt{d_w} = (0.5 \sim 0.6) \times \sqrt{49} = 3.5 \sim 4.2 (\text{mm})$$

$$L = h + (2 \sim 3) = \frac{49 - 20}{2} + (2 \sim 3) = 16.5 \sim 17.5 (\text{mm})$$

所以切断刀的主切削刃宽度为 3.5~4.2 mm，刀头长度为 16.5~17.5 mm。

2. 硬质合金切断刀

用硬质合金切断刀高速切削工件时，由于切屑和工件槽宽相等，故容易堵塞在槽内。为了排屑顺利，可把主切削刃两边倒角或磨成人字形，如图 3-30 所示。

3. 弹性切断刀

弹性切断刀是将切断刀作成刀片，再装夹在弹性刀杆上，如图 3-31 所示。当进给量过大时，弹性刀杆受力变形，刀杆的弯曲中心在刀杆上面，刀头会自动让刀，防止切断刀折断。

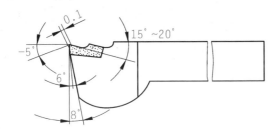
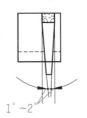
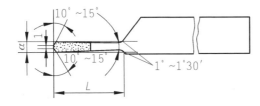

图 3-30　硬质合金切断刀

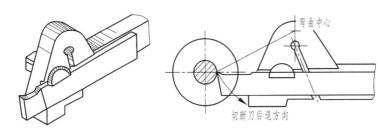

图 3-31　弹性切断刀

4. 切断刀的刃磨

切断刀的刃磨步骤如图 3-32 所示。

5. 切断刀的安装

（1）安装时，切断刀不宜伸出过长，伸出长度应根据工件直径大小而定，同时切断刀的中心线必须与工件中心线垂直，以保证两个副偏角对称。

（2）切断实心工件时，切断刀的主切削刃必须与工件中心等高，否则不能车到中心，而且容易崩刃，甚至折断车刀。

（3）切断刀的底平面应平整，以保证两个副后角对称。

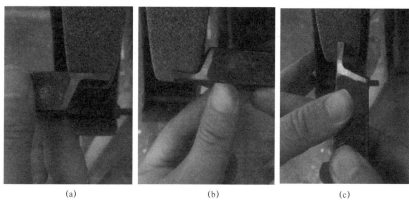

（a）　　　　　　　　（b）　　　　　　　　（c）

图 3-32　切断刀的刃磨步骤

（a）刃磨左侧副后刀面；（b）刃磨右侧副后刀面；（c）刃磨主后刀面

外圆沟槽的
车削方法

三、外沟槽的车削

　　车削精度不高和宽度较窄的外沟槽，可用刀头宽度等于槽宽的车刀一次直进车出，如图 3-33（a）所示。车削精度要求高和较宽的外沟槽时，可分两次车削，如图 3-33（b）所示。第一次用刀头宽度小于槽宽的切断刀粗车，在槽的两侧和底面留有精车余量；第二次再精车至尺寸。

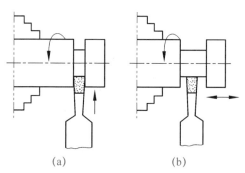

（a）　　　　　　　　（b）

图 3-33　外沟槽的车削

（a）窄沟槽的车削；（b）宽沟槽的车削

切断刀的刃磨　　　切断

四、切断

　　把工件车削成两段或多段的加工方法称为切断。在车床上切断与车槽的方法类似，常用切断方法如下。

　　1. 小直径工件的切断

　　可用直进法直接切断［图 3-34（a）］，这种方法效率高，但是容易造成刀头折断。

2. 大直径工件的切断

可用左右法切断 [图 3-34（b）]，即切断刀在轴线方向反复往返移动，随之两侧径向进给，直至工件切断。这种方法主要是在车床、刀具、工件刚性不足时采用。

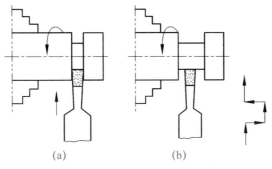

图 3-34 切断的方法

（a）小直径工件切断；（b）大直径工件切断

工作单

任务名称	具体操作内容		
工量具准备	高速钢切断刀、游标卡尺	签名	本人
			组员
刃磨高速钢切断刀	1. 刃磨主偏角为 90°； 2. 刃磨前角为 20°~30°； 3. 刃磨后角为 6°~8°； 4. 刃磨副后角为 1°~2°； 5. 刃磨主切削刃宽度为 4~5 mm	签名	本人
			组员
加工工艺路线	1. 应用切削用量及外沟槽车削的相关知识对 3-27 图样进行加工工艺路线编制； 2. 要求规范合理 加工工艺路线：	签名	本人
			组员
车削短轴	1. 工件装夹牢固； 2. 按照工艺路线要求进行车削； 3. 安全文明生产	签名	本人
			组员
小结			

参考工艺步骤

××职业中专学校	机械加工工序卡片	零（部）件图号		零（部）件名称	短 轴			共1页
		工件型号	01号	工序号	01	工序名称		第1页
		工件名称						材料牌号 45钢
		车间 车工室	毛坯种类 圆钢	毛坯外形尺寸 毛坯为任务三的成品				每台件数 1
		设备名称 普通车床	设备型号 CDS6132	设备编号				同时加工件数 1
		夹具编号 1		夹具名称 三爪卡盘				切削液
		工位器具编号		工位器具名称				
								工序工时 准终 | 终
	工步号 工步内容	工艺装备	主轴转速/ (r·min⁻¹)	切削速度/ (m·min⁻¹)	进给量/ (mm·r⁻¹)	切削深度/ mm	进给次数	工步工时 机动 | 辅助

工件图：φ24₋₀.₀₃ ，5×2

工步号	工步内容	工艺装备	主轴转速/ (r·min⁻¹)	切削速度/ (m·min⁻¹)	进给量/ (mm·r⁻¹)	切削深度/ mm	进给次数	机动	辅助
1	用三爪卡盘夹住 φ35 mm 外圆并校正，用切断刀车槽 5 mm×2 mm，并去毛刺。	游标卡尺（0~150 mm）	350						

评分标准

班级：_____　　姓名：_____　　总分：_____

考检内容		评　分　标　准	配分	自评扣分	互评扣分	自评得分	互评得分
安全意识		严格按照安全操作规程，如有出错酌情扣分	20				
"7S"要求		整理、整顿、清扫、清洁、素养、节约、安全	20				
长度尺寸	5×2	超出尺寸5丝扣5分	50				
	去毛刺	未去毛刺不给分	10				

课后反馈

一、工艺分析题

分析如图3-35所示阶台轴车削工艺。

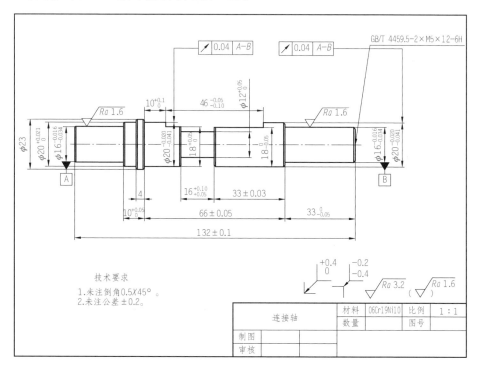

技术要求

1. 未注倒角0.5X45°。
2. 未注公差±0.2。

连接轴		材料	06Cr19Ni10	比例	1:1
		数量		图号	
制图					
审核					

图3-35　后轴（选自2022年全国职业院校技能大赛中职组数控综合应用技术竞赛赛题）

二、理论题

(1) 切断刀的主偏角为多少度?

(2) 用切断刀切断时面对大直径工件该如何操作?

三、实训报告

完成本任务实训报告。

项目四 车削套类工件

日常生活中，常见的笔筒、水管、水龙头都是空心的，这种空心产品我们一般叫作套类工件。那么，我们怎样在车床上加工出套类工件呢？加工套类工件又需要什么样的标准刀具呢？如果没有标准刀具，产品肯定无法完成。人生中，做人做事也要一个标准，都要有一个度。在这个项目里，我们将对套类零件进行车削加工。

大国重器·
布局海洋

任务一　刃磨麻花钻及钻孔

任务书

任务目标	1. 了解钻头几何角度并学会刃磨； 2. 了解麻花钻装夹的方法； 3. 掌握麻花钻钻孔的方法
任务 图样 （图4-1）	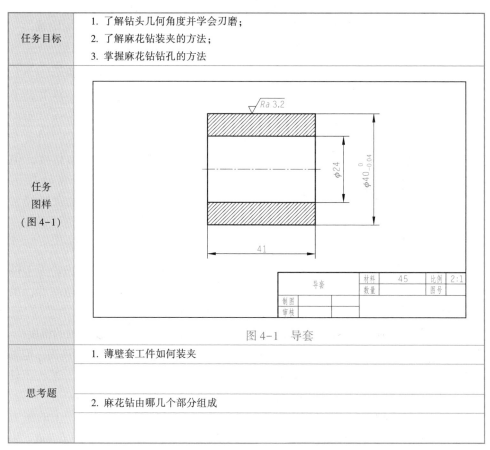 图4-1　导套
思考题	1. 薄壁套工件如何装夹
	2. 麻花钻由哪几个部分组成

学习指导

一、套类工件的装夹

套类工件一般由内孔、外圆、平面等组成，在车削过程中，为了保证工件的形状和位置精度以及表面粗糙度要求，应选择合理的装夹方式及正确的车削方法。用普通车床在车削薄壁工件时，还应注意避免由于夹紧力引起的工件变形。所以车削套类工件比车削外圆要困难些，主要原因是：

（1）观察困难。孔加工是在工件内部进行的，观察切削情况很困难，尤其是小而深的孔，根本无法观察。

（2）刀杆刚性差。刀杆尺寸受孔径和孔深的限制，不能做得太粗，又不能太短，因此刀杆的刚性较差，特别是加工孔径小、长度长的孔时，更加突出。

（3）排屑和冷却困难。因刀具和孔壁之间的间隙小，使切削液难以进入，又使切屑难以排除。

（4）测量困难。因孔径小，使量具进出及调整都很困难。

（5）装夹时容易变形，特别是薄壁的套类工件，装夹车削时会更加困难。

为了保证套类工件装夹时的同轴度和垂直度，常采用以下方法。

1. 在一次装夹中完成车削加工

在单件小批量生产中，可以在卡盘上一次装夹就把工件的全部或大部分表面加工完毕。这种方法没有定位误差，如果车床精度较高，可获得较高的形位精度。但采用这种方法车削时，需要经常转换刀架，尺寸较难掌握，切削用量也需要经常改变，如图4-2所示。

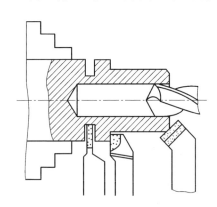

图4-2　在一次装夹中加工工件

2. 以孔为定位基准采用心轴

车削中小型的轴套、带轮、齿轮等工件时，一般可用已加工好的孔为定位基准，采用心轴定位的方法进行车削。常用的心轴有下列两种：

（1）实体心轴。实体心轴有小锥度心轴和圆柱心轴两种。小锥度心轴的锥度$C=1:1000\sim1:5000$［图4-3（a）］，这种心轴的特点是制造简单，定心精度高，但轴向无法定位，承受切削力小，装卸不太方便。用圆柱心轴［图4-3（b）］装夹工件时，心轴的圆柱部分与工件孔之间保持较小的间隙配合，工件靠螺母压紧。

（2）胀力心轴。胀力心轴［图4-3（c）］依靠材料弹性变形所产生的胀力来固定工件。胀力心轴的圆锥角最好为30°左右，最薄部分壁厚为$3\sim6$ mm。为了使胀力均匀，槽可做成三等分，如图 4-3（d）所示。长期使用的胀力心轴可用弹簧钢制成。胀力心轴装卸方便，定心精度高，故应用广泛。

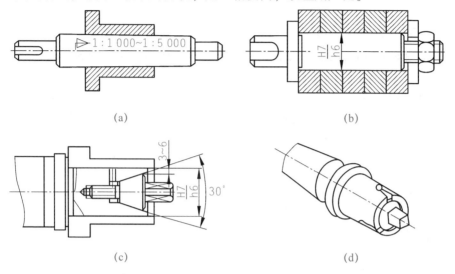

（a）　　　　　　　　　　　　　　　　（b）

（c）　　　　　　　　　　　　　　　　（d）

图 4-3　各种常用心轴

（a）小锥度心轴；（b）圆柱心轴；（c）胀力心轴；（d）槽做成三等分

3. 以外圆为定位基准采用软卡爪

当加工外圆较大、内孔较小、长度较短的套类零件，并且工件以外圆为基准保证位置精度时，车床上一般应用软卡爪装夹工件。

软卡爪是用未经淬火的 45 钢制成。这种软爪是在本身车床上车削成形，因此，可确保装夹精度；其次，当装夹已加工表面或软金属时，不易夹伤工件表面。

4. 用开口套筒装夹薄壁工件

车薄壁工件时，由于工件的刚性差，在夹紧力的作用下容易产生变形，为防止或减小薄壁套类工件的变形，常采用开口套筒装夹工件，如图 4-4 所示。由于开口套筒与工件的接触面积大，夹紧力均匀分布在工件外圆上，所以可减小夹紧变形，同时能达到较高的同轴度。使用时，先把开口套筒装在工件外圆上，然后再一起夹紧在三爪自定心卡盘上。

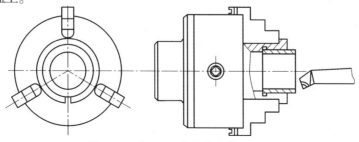

图 4-4　采用开口套筒装夹薄壁工件

二、麻花钻

1. 麻花钻的组成与外形

（1）柄部。钻头的夹持部分，装夹时起定心作用，切削时起传递扭矩的作用，柄部有锥柄和直柄两种，如图4-5所示。

（2）颈部。颈部是钻头的工作部分与柄部的连接部分。直径较大的钻头在颈部标注商标、钻头直径和材料牌号等。

（3）工作部分。工作部分是钻头的主要部分，由切削部分和导向部分组成，起切削和导向作用。

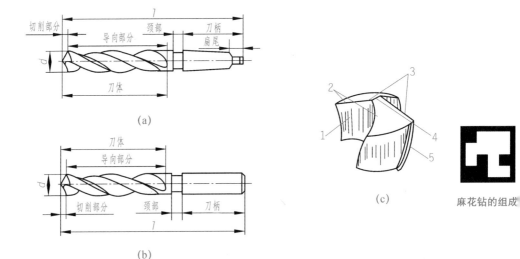

图4-5　麻花钻的组成部分与外形

（a）锥柄麻花钻；（b）直柄麻花钻；（c）麻花钻钻头

1—前刀面；2—后刀面；3—主切削刃；4—横刃；5—副切削刃（棱边）

2. 麻花钻的主要刀具角度

（1）螺旋角 β。螺旋槽上最外缘螺旋线的切线与轴线之间的夹角。由于同一个钻头的螺旋槽导程是一定的，所以，不同直径处的螺旋线是不同的，越靠近中心处螺旋角越小。标准麻花钻的螺旋角在18°~30°。钻头的名义螺旋角是指外缘处的螺旋角，如图4-6所示。

（2）顶角 $2k_r$。钻头两主切削刃之间的夹角。一般标准麻花钻的顶角为118°。当顶角为118°时，两主切削刃为直线［图4-7（a）］；当顶角大于118°时，两主切削刃为凹曲线［图4-7（a）］；当顶角小于118°时，两主切削刃为凸直线，如图4-7（c）所示。

（3）横刃斜角 Ψ。在垂直于钻头轴线的端面投影中，横刃与主切削刃之间所夹的锐角。横刃斜角的大小与后角有关，后角大时，横刃斜角减小，横刃变长。

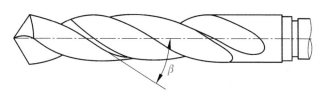

图 4-6　螺旋角

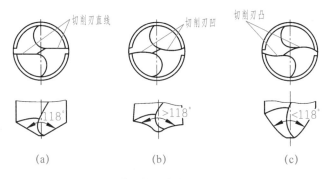

(a)　　　　　　　　(b)　　　　　　　　(c)

图 4-7　麻花钻顶角与切削刃的关系

(a) $2k_r = 118°$；(b) $2k_r > 118°$；(c) $2k_r < 118°$

后角小时，情况相反，横刃斜角一般为 55°。

（4）前角 γ_0。主切削刃上任一点的前角是过该点的基面与前刀面之间的夹角。麻花钻的前角的大小与螺旋角、顶角、钻心直径等因素有关，其中影响最大的是螺旋角。前角的变化范围在 +30° ~ -30°，如图 4-8 所示。

（5）后角 α_0。主切削刃上任一点的后角是过该点的切削平面与主后刀面之间的夹角。后角也是变化的，靠近外缘处最小，接近中心处最大，变化范围为 8° ~ 14°，如图 4-8 所示。

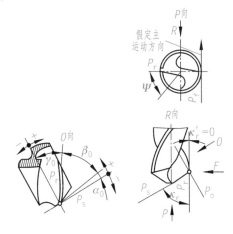

图 4-8　麻花钻前角与后角

3. 麻花钻的刃磨

1）麻花钻的刃磨要求

麻花钻刃磨时，一般只刃磨两个主后刀面，但同时要保证顶角、横刃斜角和后角的正确。因此，麻花钻刃磨后必须达到下列 3 个要求：

（1）麻花钻的两条主切削刃应该对称，也就是两条主切削刃跟钻头轴线组成相同的角度，并且长度相等。

（2）横刃斜角为 55°。

（3）两个主后刀面要刃磨光滑。

刃磨步骤：

（1）把主切削刃置于水平位置，同时保持钻头轴心线与砂轮表面成 60° 角，靠近砂轮，如图 4-9（a）所示。

（2）从钻头的刃口沿整个后刀面缓慢刃磨，注意钻头的冷却并观察火花的大小，随时调整压力，如图 4-9（b）所示。

（3）刃磨时上下摆动，注意钻头的尾部不能高翘过砂轮的中心线，容易造成刃口磨钝，如图 4-9（c）所示。

（4）刃磨好一个主后刀面，即可刃磨另一个主后刀面，注意控制横刃。

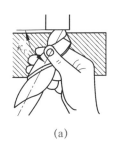
（a）
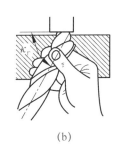
（b）
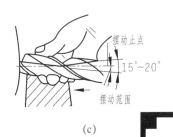
（c）

图 4-9　刃磨钻头

标准麻花钻的刃

2）麻花钻刃磨对钻孔质量的影响

（1）麻花钻顶角不对称。当顶角不对称钻削时，只有一个切削刃切削，而另一切削刃不起作用，两边受力不均衡，会使钻出的孔扩大和倾斜，如图 4-10（b）所示。

（2）麻花钻顶角对称但切削刃长度不等。当切削刃长度不等钻削时，钻头工作中心由 OO_1 移动到 $O'O_1'$，使钻出的孔扩大，如图 4-10（c）所示。

（3）顶角不对称且切削刃长度又不等。当麻花钻的顶角不对称且两切削刃长度又不等时，钻出的孔不仅孔径扩大，而且还会产生阶台，如图 4-10（d）所示。

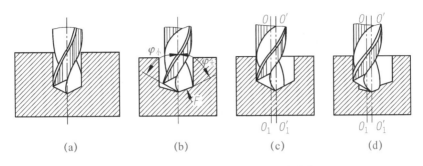

图 4-10　麻花钻刃磨对钻孔质量的影响

（a）刃磨正确；（b）顶角不对称；（c）主切削刃长度不等；（d）顶角和刃磨长度不对称

4. 麻花钻的装夹

1）直柄麻花钻的装夹

直柄麻花钻的装夹常用钻夹头装夹，然后将钻夹头锥柄装入车床尾座筒锥孔中即可进行钻削。图 4-11 所示为钻夹头。

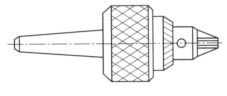

图 4-11　钻夹头

直柄麻花钻的装拆

2）锥柄麻花钻的装夹

锥柄麻花钻的柄部是莫氏圆锥，当钻头锥柄的规格与尾座套筒锥孔的规格相同时，可直接把钻柄装入尾座锥孔内；当两者的规格不相同时，就必须在钻柄处装一个与尾座套筒规格相同的过渡锥套，然后再将过渡锥套装入尾座套筒锥孔内，如图 4-12 所示。

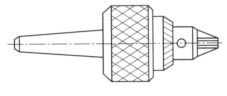

安装时钻头向右推压

过渡套筒　尾座套筒

图 4-12　锥柄麻花钻安装示意图

锥柄麻花钻的装拆

3）用 V 形架装夹

用两块 V 形架将直柄钻头装夹在刀架上，钻孔前要先校准中心，钻孔时可利用床鞍的自动纵向进给进行钻孔，如图 4-13 所示。

4）用专用夹具装夹

将专用夹具装夹在刀架上，锥柄钻头可插入专用夹具的锥孔中，如装夹直柄

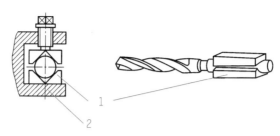

图 4-13 用 V 形架装夹钻头

1—V 形架；2—刀架

钻头，专用夹具应是圆柱孔，侧面用螺钉紧固，如图 4-14 所示。钻孔前，要先校准中心，然后利用床鞍的自动纵向进给进行钻孔。

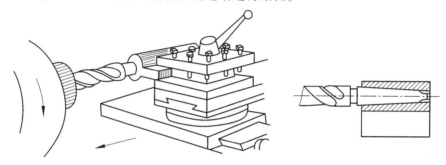

图 4-14 用专用夹具装夹钻头

5. 钻孔方法

钻孔方法

1）钻孔的方法

（1）钻孔前先把工件端面车平，不能有凸台，以便钻头正确定心。

（2）找正尾座，使钻头中心对准工件旋转中心，否则会使孔径扩大，折断钻头。

（3）移动尾座，是钻头靠近工件端面，把尾座锁紧。

（4）开动车床，缓慢均匀的转动尾座手轮，使钻头缓慢地切入工件。起钻时进给量要小，待钻头两主切削刃全部切入工件后才可正常进给。

（5）双手交替转动手轮，使钻头均匀向前切削，并间断地退出钻头，清理铁屑。

（6）当孔即将钻通时，会感觉进给阻力减小，此时应减慢进给速度，直到完全钻通。

（7）摇动位置手轮，将钻头退回，松开尾座。

2）钻孔时注意事项

（1）钻小而深孔时，应先用中心钻钻中心孔，避免将孔钻歪。

（2）钻削钢料时，必须浇注充分的切削液，使钻头冷却。钻铸铁时可不用切削液。

（3）麻花钻越小，车床转速越快；麻花钻越大，车床转速越慢。

工作单

任 务 名 称	具体操作内容			
工量具 准 备	φ24 麻花钻、砂轮、45°车刀、90°车刀、切断刀、游标卡尺	签 名	本人	
			组员	
刃磨麻花钻	1. 选用一根 φ24 mm 的新钻头； 2. 刃磨钻头各几何角度至标准	签 名	本人	
			组员	
加工工艺 路线	1. 应用钻孔的相关知识对图 4-1 所示图样进行加工工艺路线编制； 2. 要求规范合理 加工工艺路线：	签 名	本人	
			组员	
钻削导套	1. 工件装夹牢固； 2. 按照工艺路线要求进行钻削； 3. 安全文明生产	签 名	本人	
			组员	
小结				

参考工艺步骤

××职业中专学校	机械加工工序卡片	工件型号		零(部)件图号		共 1 页
		工件名称	01 号	零(部)件名称		第 1 页
		车间	车工室	工序号	01	材料牌号 45 钢
		毛坯种类	圆钢	毛坯外形尺寸	φ45 mm×80 mm	每台件数
		设备名称 普通车床	设备型号 CDS6132	设备编号		同时加工件数 1
		夹具编号 1	夹具名称 三爪卡盘			切削液
		工位器具编号	工位器具名称 导套			工序工时 准终 单件

φ40₋0.04 → $\phi40_{-0.04}^{\ 0}$ φ24 41 45

工步号	工步内容	工艺装备	主轴转速 (r·min⁻¹)	切削速度 (m·min⁻¹)	进给速度 (mm·r⁻¹)	切削深度/ mm	进给次数	工步工时 机动	辅助
1	用三爪自定心卡盘找正夹牢,伸出长度为 45 mm,用 45°车削端面见光	游标卡尺 (0~150 mm)	575						
2	用 90°刀粗、精车 φ40 mm,保证长度为 45 mm	游标卡尺 (0~150 mm)	800	100	0.09	2			
3	用 φ24 mm 钻头钻孔,保证深度为 41 mm	游标卡尺 (0~150 mm)	150						
4	用切断刀切断,保证工件总长为 41 mm	游标卡尺 (0~150 mm)	575						

评分标准

班级：＿＿＿＿＿＿＿　　姓名：＿＿＿＿＿＿＿　　　　总分：＿＿＿＿＿＿＿

考检内容		评　分　标　准	配分	自评扣分	互评扣分	自评得分	互评得分
安全意识		严格按照安全操作规程，如有出错酌情扣分	15				
"7S" 要求		整理、整顿、清扫、清洁、素养、节约、安全	15				
长度尺寸	41	每车大（车小）1 丝扣 1 分	20				
直径尺寸	$\phi24$	钻削尺寸错误不给分	20				
	$\phi40_{-0.04}^{0}$	每车大（车小）1 丝扣 1 分	20				
表面质量		表面质量没达到 $Ra3.2\ \mu m$ 不给分	10				

课后反馈

一、理论题

（1）车削套类工件比车削外圆要困难的主要原因是什么？

（2）麻花钻可分为哪两种型号？

（3）麻花钻主要有哪些刀具角度？

（4）麻花钻的刃磨步骤是什么？

（5）麻花钻的装夹方式有哪些？

（6）为什么钻孔时要找正尾座，使钻头中心对准工件旋转中心？

二、实训报告

完成本任务实训报告。

任务二 车削内孔

任务书

任务目标	1. 了解内孔车刀的几何角度并学会刃磨； 2. 掌握用内孔车刀车削内孔的方法； 3. 掌握车削内沟槽的方法； 4. 掌握套类工件的测量方法
任务 图样 （图4-15）	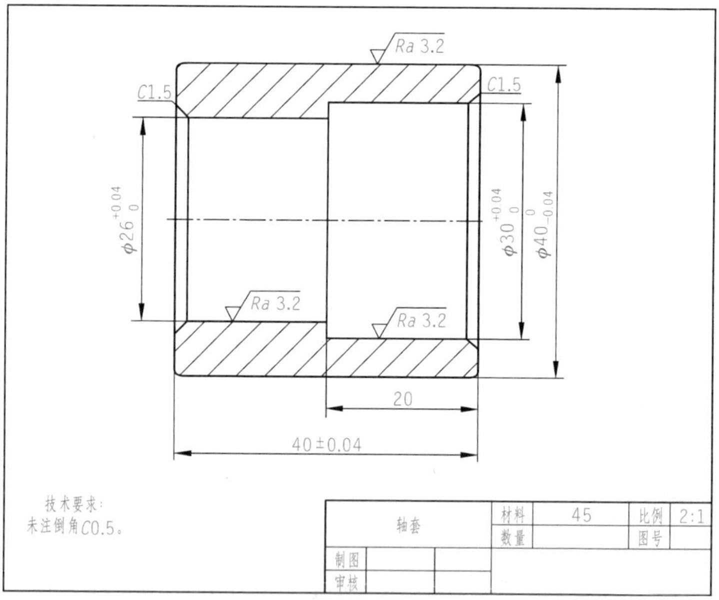 图 4-15 轴套
思考题	1. 内孔车刀分为哪两种 2. 内沟槽的作用是什么

学习指导

一、内孔车刀

工件上的铸造孔、锻造孔或用钻头钻出来的孔，为了达到所需要的精度和表面粗糙度，还需要车孔（又称镗孔）。车孔可以作为粗加工，也可作为精加工。车孔的精度一般可达 IT7~IT8。

1. 内孔车刀

1）内孔车刀的种类

根据不同的加工情况，内孔车刀可分为通孔车刀和盲孔车刀两种，如图 4-16 所示。

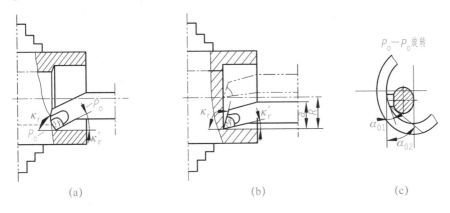

图 4-16　内孔车刀

（a）通孔车刀；（b）盲孔车刀；（c）两个后角

2）内孔车刀的刃磨

通孔车刀的几何形状基本上与外圆车刀相似，为了减小径向切削力，防止振动，主偏角应取得大些，一般为 60°~75°，副偏角一般为 15°~30°。为了防止内孔车刀后刀面和孔壁的摩擦，又不使后角摩擦得太大，一般磨成两个后角，如图 4-16（c）所示。

盲孔车刀切削部分的几何形状基本上与偏刀相似，它的主偏角大于 90°，后角的要求和通孔车刀一样，所以刃磨步骤也差不多。

刃磨步骤：

（1）粗磨车刀的主后刀面，保证车刀的主偏角正确，如图 4-17（a）所示。

（2）粗磨车刀的副后刀面，保证车刀的副偏角正确，如图 4-17（b）所示。

（3）粗磨车刀的副前刀面，如图 4-17（c）所示。

图 4-17　刃磨内孔车刀

（a）刃磨主后刀面；（b）刃磨副后刀面；（c）刃磨副前刀面；（d）刃磨两个后角

（4）磨断屑槽。

（5）精磨车刀的主后刀面、副后刀面、副前刀面，对刀头底部进行磨圆处理，保证两个后角，如图 4-17（d）所示。

（6）磨负倒棱及过渡刃。

内孔车刀可以做成整体式。为节省刀具材料和增加刀杆强度，也可把高速钢或硬质合金做成较小的刀头，装夹在刀杆前端的方孔中，并在顶端或上面用螺钉紧固，图 4-18 所示为内孔车刀的结构。

2. 内孔车刀的装夹

内孔车刀装夹得正确与否，直接影响到车削情况及孔的精度，内孔车刀装夹时一定要注意以下几点：

（1）装夹内孔车刀时，刀尖应与工件中心等高或稍高。如果装得低于工件中心，

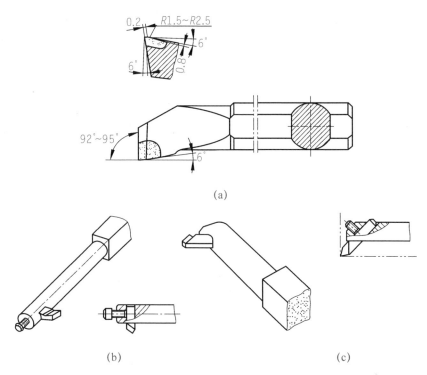

图 4-18　内孔车刀的结构

（a）整体式内孔车刀；（b）通孔车刀；（c）盲孔车刀

由于切削力的作用，容易将刀杆压低而产生扎刀现象，并可造成孔径扩大。

（2）刀杆伸出刀架不宜过长。如果刀杆需伸出较长，可在刀杆下面垫一块垫铁支撑刀杆，如图 4-19 所示。

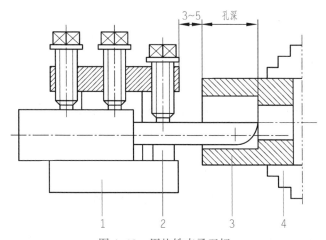

图 4-19　用垫铁支承刀杆

1—刀架；2—垫铁；3—工件；4—三爪卡盘

车削台阶孔

（3）刀杆要平行于工件轴线，否则车削时刀杆容易碰到内孔表面。

二、内孔车削方法

1. 车削内孔的关键技术

车内孔的关键技术是解决内孔车刀的刚性和排屑问题，增加内孔车刀的刚性主要采用以下两项措施：

（1）尽量增加刀杆的横截面积。一般内孔车刀的刀杆截面积小于孔截面积的 $\frac{1}{4}$，如果内孔车刀的刀尖位于刀杆的中心线上，这时刀杆的截面积可达最大程度。图4-20所示为可调节刀杆长度的内孔车刀。

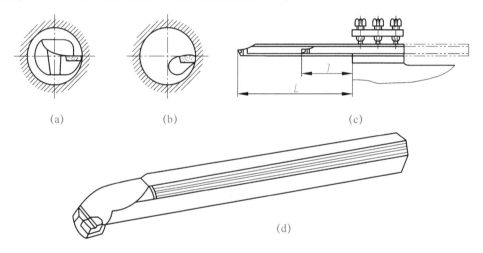

（a）　　　　　　　（b）　　　　　　　　　　　　（c）

（d）

图 4-20　可调节刀杆长度的内孔车刀

（a）刀尖位于刀杆中心；（b）刀尖位于刀杆上面；（c）可调节刀杆伸出长度；（d）车刀外形

（2）尽可能缩短刀杆的伸出长度。为了增加刀杆刚性，刀杆伸出长度只要略大于孔深即可，并且要求刀杆的伸出长度能根据孔深加以调节，如图4-20（c）所示。

解决排屑问题主要是控制切屑流出方向。精车通孔时要求切屑流向待加工表面，可以采用正值刃倾角的内孔车刀，加工盲孔时，应采用负的刃倾角，使切屑从孔口排出。

2. 车削内孔的基本方法

（1）车孔时，切削用量要小于相同直径的外圆，车小孔或深孔时，切削用量应小。

（2）根据孔要求的精度和表面质量等要求，车孔时可以分别采用粗车、半精车、精车等方法。一般要求的孔，可以分粗车和精车两个阶段完

车削直内孔

成；当车孔作为铰孔前的预加工工序时，可采用粗车加上半精车。

（3）车削阶台或盲孔时，控制阶台长度和孔深的方法有：应用车床的纵向刻度盘，在刀杆上做标记或应用挡铁等。

三、车削沟槽

1. 内沟槽的种类

内沟槽的截面形状有矩形、圆弧形、梯形等几种，内沟槽在机器零件中起着退刀、密封、定位、通气等作用，如图4-21所示。

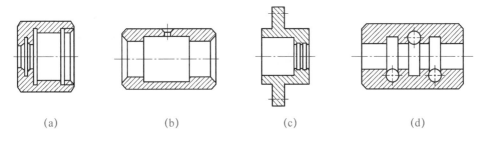

(a)　　　　　　　(b)　　　　　　　(c)　　　　　　　(d)

图 4-21　内沟槽

（a）梯形内沟槽和退刀槽；（b）较长的内槽；（c）密封槽；（d）油、气通道槽

2. 内沟槽车刀

内沟槽刀与切断刀的几何形状相似，只是装夹方法相反，且在内孔中车削。加工小孔中的内沟槽刀做成整体式 [图4-22（a）]。在大直径内孔中车内沟槽的车刀可做成车槽刀刀头，然后装夹在刀杆上使用，如图4-22（b）所示。

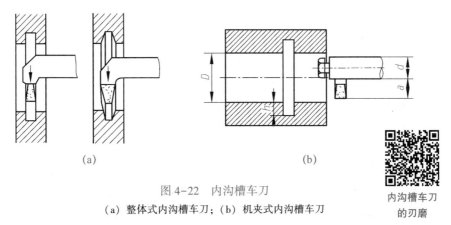

(a)　　　　　　　　　　　　　　(b)

图 4-22　内沟槽车刀

（a）整体式内沟槽车刀；（b）机夹式内沟槽车刀

内沟槽车刀
的刃磨

装夹内沟槽车刀时，应使主切削刃与内孔中心等高或略高，两侧副偏角必须对称。

3. 内沟槽的车削方法

内沟槽的车削一般有三种方法:

(1)直进法。车削宽度较窄的内沟槽时,用刀头宽度等于槽宽的车刀一次直进车出,如图4-23(a)所示。

(2)多次进给法。车较宽的内沟槽时,可分多次车削,方法与车外沟槽一样,如图4-23(b)所示。

(3)纵向进给法。车较宽的内沟槽时,可用通孔车刀纵向进给,但是要小心刀杆碰撞孔壁,如图4-23(a)所示。

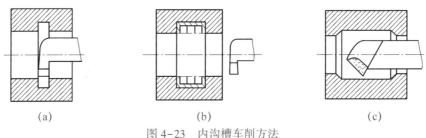

(a)   (b)   (c)

图4-23 内沟槽车削方法

(a)直进法;(b)多次进给法;(c)纵向进给法

四、套类工件的测量

1. 孔径尺寸的测量

测量孔径尺寸时,应根据工件的尺寸、数量以及精度要求,采用相应的量具进行测量。孔径精度要求较低时,可直接用游标卡尺测量;精度要求较高时,可采用以下两种方法测量。

(1)内测千分尺。内测千分尺与外径千分尺一样,也是每隔25 mm 为一挡规格,如图4-24所示,这种千分尺刻线方向与外径千分尺相反,当顺时针旋转微分筒时,活动爪向右移动,测量值增大,反之减小。

(2)塞规。在成批量生产时,为了测量方便,常用塞规测量孔径,如图4-25所示。塞规由过端、止端和手柄组成。过端的尺寸等于孔的最小极限尺寸 L_{min}。止端的尺寸等于孔的最大极限尺寸 L_{max}。测量时,过端通过,而止端不能通过,说明尺寸合格。

2. 内沟槽的检验

(1)内沟槽的直径。内沟槽的直径可用弯脚游标卡尺测量(图4-26),这时内沟槽直径应等于卡脚尺寸和游标卡尺读数之和。

(2)内沟槽的轴向尺寸和宽度。内沟槽的轴向尺寸可用钩形深度游标卡尺测量,如图4-27所示。内沟槽的宽度可用样板测量,如图4-28所示。

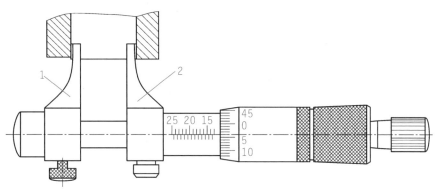

图 4-24　内测千分尺

1—固定爪；2—活动爪

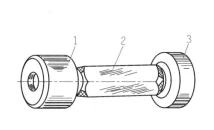

（a）

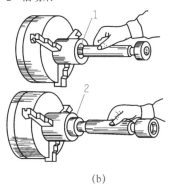

塞规及其使用方法

图 4-25　塞规及其使用

（a）塞规

1—过端；2—手柄；3—止端

（b）塞规的使用

1—过端测量；2—止端测量

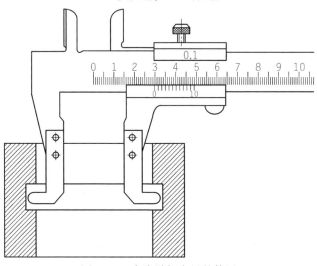

图 4-26　弯脚游标卡尺的使用

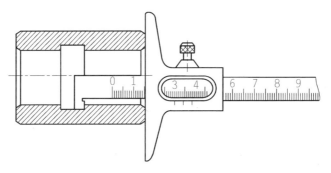

图 4-27　内沟槽轴向尺寸测量方法

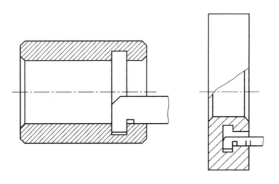

图 4-28　用样板测量槽宽

五、套类工件的质量分析

车套类工件时产生废品的种类、原因及预防措施见表4-1。

表 4-1　车套类工件时产生废品的种类、原因及预防措施

废品种类	产生原因	预防措施
孔的尺寸大	车孔时，没有仔细测量	仔细测量和进行试切削
孔的圆柱度超差	车孔时，刀杆过细，刀刃不锋利，造成让刀现象，使孔外大里小	增加刀杆刚性，保证车刀锋利
	车孔时，主轴中心线与导轨在水平面内或垂直面内不平行	调整主轴轴线与导轨的平行度
孔的表面粗糙度值大	车孔时，内孔车刀磨损，刀杆产生振动	修磨内孔车刀，采用刚性较大的刀杆
	切削速度选择不当，产生积屑瘤	车孔时，合理选用进给量并加注冷却液

续表

废品种类	产生原因	预防措施
同轴度垂直度超差	用一次安装方法车削时，工件移位或机床精度不高	工件装夹牢固，减小切削用量，调整机床精度
	用软卡爪装夹时，软卡爪没有车好	软卡爪应在本车床上车出，直径与工件装夹尺寸基本相同
	用心轴装夹时，心轴中心孔碰毛或心轴本身同轴度超差	心轴中心孔应保护好，如碰毛可研修中心孔，心轴弯曲可校直或重制

工作单

任务名称	具体操作内容	签名	本人	
工量具准备	内孔车刀、砂轮、45°车刀、游标卡尺	签名	本人	
			组员	
刃磨内孔车刀	1. 刃磨内孔车刀各几何角度至标准； 2. 刃磨时注意安全	签名	本人	
			组员	
加工工艺路线	1. 应用车削内孔的相关知识对图4-15进行加工工艺路线编制； 2. 要求规范合理 加工工艺路线：	签名	本人	
			组员	
车削轴套	1. 工件装夹牢固； 2. 按照工艺路线要求进行车削； 3. 安全文明生产	签名	本人	
			组员	
小结				

参考工艺步骤

×× 职业中专学校	机械加工工序卡片	工件型号 工件名称	零（部）件图号 01号	零（部）件名称	

车间	车工室	工序号	01	工序名称		共1页
毛坯种类	圆钢	毛坯外形尺寸		轴套		材料牌号 45钢
		任务—成品				每台件数 1
设备名称	普通车床	设备型号 CDS6132		设备编号		同时加工件数 1
夹具编号	1	夹具名称 三爪卡盘				切削液
工位器具编号		工位器具名称				工序工时 准终 / 单件

工步号	工步内容	工艺装备	主轴转速／(r·min⁻¹)	切削速度／(m·min⁻¹)	进给速度／(mm·r⁻¹)	切削深度／mm	进给次数	工步工时 机动	辅助
1	用三爪自定心卡盘垫铜皮找正夹牢，用45°刀车削端面，保证总长40 mm	游标卡尺（0~150 mm）	575						
2	用内孔刀粗、精车 φ26 mm，φ30 mm 内孔，保证台阶长度为20 mm	游标卡尺（0~150 mm）	800	75	0.09	1			
3	两处倒角 C1.5，并去毛刺 C0.5	游标卡尺（0~150 mm）	575						

评分标准

班级：＿＿＿＿＿＿＿　　姓名：＿＿＿＿＿＿＿　　　　总分：＿＿＿＿＿＿＿

考检内容		评　分　标　准	配分	自评扣分	互评扣分	自评得分	互评得分
安全意识		严格按照安全操作规程，如有出错酌情扣分	10				
"7S"要求		整理、整顿、清扫、清洁、素养、节约、安全	10				
长度尺寸	40 ± 0.04	每车大（车小）1丝扣1分	15				
	20	尺寸超太多不给分	5				
	$C1.5$、$C0.5$	倒角不正确不给分	5				
直径尺寸	$\phi26^{+0.04}_{0}$	每车大（车小）1丝扣1分	15				
	$\phi30^{+0.04}_{0}$	每车大（车小）1丝扣1分	15				
	$\phi40^{0}_{-0.04}$	每车大（车小）1丝扣1分	15				
表面质量		表面质量没达到$Ra3.2\ \mu m$不给分	10				

课后反馈

一、工艺分析题

分析如图4-29所示轴衬部分工艺。

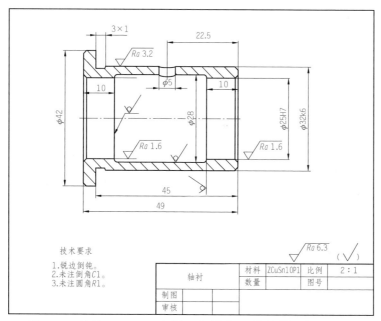

图4-29　轴衬（"1+X"机械工程制图职业技能等级考试题库）

二、理论题

  (1) 内孔车刀的刃磨步骤是什么？

  (2) 内孔车刀的装夹要求是什么？

  (3) 如何增加内孔车刀刀杆的横截面积？

  (4) 内沟槽的种类有哪些？

  (5) 内沟槽的车削方法有哪几种？

  (6) 用塞规检测内孔的方法是什么？

三、实训报告

  完成本任务实训报告。

在日常生活中，我们所看见的凉亭顶盖、铅笔尖、漏斗等都是圆锥形的，可见圆锥的应用还是很广泛的，而机器零件中也有很多零件是有锥面的，那么，我们怎样在车床上加工出圆锥工件呢？在这个项目里我们将对圆锥面工件进行车削加工。

大国重器·
智造先锋

任务一　圆锥参数的计算

任务书

任务目标	1. 了解圆锥各部分的名称； 2. 计算圆锥面的参数
思考题	1. 圆锥面有什么特点
	2. 2.35° = ＿＿＿° ＿＿＿′ ＿＿＿″

学习指导

一、圆锥面的特点

在机床和一些工具、夹具中，有很多地方应用圆锥作为配合面，如车床主轴锥孔与顶尖的配合、车床尾座锥孔和麻花钻锥柄的配合等［图5-1（a）］，常见的圆锥工件有圆锥齿轮［图5-1（b）］、锥形主轴［图5-1（c）］等。

圆锥面配合具有同轴度高、拆卸方便，当圆锥角较小（$\alpha < 3°$）时能够传递很大扭矩的特点。

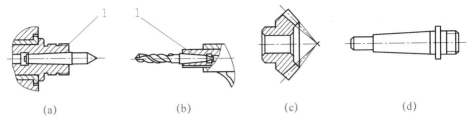

(a)　　　　　　　　(b)　　　　　　　　(c)　　　　　　　　(d)

图 5-1　圆锥面配合及圆锥工件

（a）车床主轴锥孔与顶尖的配合；（b）车床尾座锥孔与麻花钻锥柄的配合；（c）圆锥齿轮；（d）锥形主轴

1—圆锥表面

二、圆锥面组成部分及其计算

1. 圆锥面的形成

直角三角形 ABO 绕直角边 AO 旋转一周，斜边 AB 形成的空间轨迹所包围的几何体就是一个圆锥体，AB 形成的表面叫圆锥面，AB 为圆锥面的素线，如图 5-2 所示。若圆锥体的顶端被截去一部分，就成为圆锥台，如图 5-2（b）所示。

圆锥面有外圆锥面和内圆锥面两种，具有外圆锥面叫圆锥体，具有内圆锥面叫圆锥孔，如图 5-3 所示。

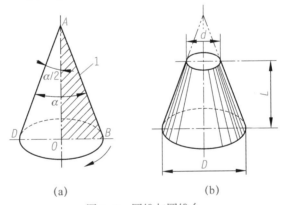

(a)　　　　　　　　(b)

图 5-2　圆锥与圆锥台

（a）圆锥体；（b）圆锥台

1—圆锥母线

2. 圆锥各部分的名称（图 5-4）

（1）大端直径 D。因为圆锥中大端的直径最大，所以大端直径也叫最大圆锥直径。

（2）小端直径 d。因为圆锥台中小端的直径最小，所以小端直径也叫最小圆锥直径。

（3）圆锥角 α。在通过圆锥轴线的截面内，两条素线之间的夹角叫圆锥角。

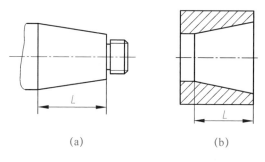

图 5-3　内、外圆锥

（a）圆锥体；（b）圆锥孔

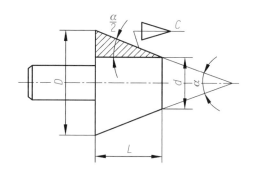

图 5-4　圆锥各部分名称

（4）圆锥半角 $\dfrac{\alpha}{2}$。圆锥角的一半，也就是圆锥母线和圆锥轴线之间的夹角。

（5）圆锥长度 L。圆锥大端和圆锥小端之间的垂直距离。

（6）锥度 C。圆锥大端直径与小端直径之差和圆锥长度之比叫锥度。

（7）斜度 $\dfrac{c}{2}$。圆锥大小端直径之差和圆锥长度之比的 1/2。

3. 圆锥的计算

一个圆锥的基本参数有 4 个：$\dfrac{\alpha}{2}$（或 C）、D、d、L，只要知道其中任意三个，另外一个参数即可计算出。

1）圆锥半角 $\dfrac{\alpha}{2}$ 和其他三个参数的关系

在图样上一般都注明 D、d、L，因为在车削圆锥时经常采用转动小滑板的方法，所以必须计算出圆锥半角 $\dfrac{\alpha}{2}$。圆锥半角可按下列公式计算：

$$\tan\frac{\alpha}{2}=\frac{D-d}{2L} \tag{5-1}$$

其他三个参数与圆锥半角的关系为

$$D = d + 2L\tan\frac{\alpha}{2}$$

$$d = D - 2L\tan\frac{\alpha}{2}$$

$$L = \frac{D-d}{2\tan\dfrac{\alpha}{2}}$$

【例5-1】 有一圆锥，已知 $D = 100$ mm，$d = 80$ mm，$L = 200$ mm，求圆锥半角。

解 根据公式（5-1）：

$$\tan\frac{\alpha}{2} = \frac{D-d}{2L} = \frac{100-80}{2 \times 200} = 0.05$$

查三角函数表得：

$$\alpha/2 = 2°52'$$

计算圆锥半角 $\alpha/2$ 时，必须查三角函数表。当 $\alpha/2 < 6°$ 时，可用下列近似公式计算：

$$\frac{\alpha}{2} \approx 28.7° \times \frac{D-d}{L} \tag{5-2}$$

或

$$\frac{\alpha}{2} \approx 28.7° \times C$$

当 $\alpha/2$ 在 $6° \sim 13°$，圆锥半角的近似计算公式可为：$\alpha/2 = $ 常数 $\times D - d/L$，其中常数可以从表5-1中查出。

表5-1 圆锥半角近似计算公式常数

$(D-d)/L$ 或 C	常数	备注
$0.1 \sim 0.2$	$28.6°$	
$0.2 \sim 0.29$	$28.5°$	本表适用于 $\dfrac{\alpha}{2}$ 在 $6° \sim 13°$，
$0.29 \sim 0.36$	$28.4°$	$6°$ 以下常数值为 $28.7°$
$0.36 \sim 0.4$	$28.3°$	
$0.4 \sim 0.45$	$28.2°$	

【例5-2】 有一圆锥，已知 $D = 40$ mm，$d = 36$ mm，$L = 20$ mm，用近似法计算圆锥半角。

解 根据公式（5-2）：

$$\frac{\alpha}{2} \approx 28.7° \times \frac{D-d}{L} = 28.7° \times \frac{40-36}{20} = 5.74° \approx 5°44'$$

采用近似公式计算圆锥半角 $\alpha/2$ 时，应注意：

（1）先要根据 $(D-d)/L$ 或 C 的数值选取相应的常数值。

（2）计算结果是"度"，度以后的小数部分是十进位的，而角度是60进位，应将含有小数部分的计算结果转化为度、分、秒。例如 $2.35°$ 并不等于 $2°35'$。因此，要用小数部分去乘60，即60′×0.35＝21′，所以2.35°应为2°21′。

2）锥度 C 与其他三个参数的关系

有配合要求的圆锥，一般标注锥度符号，如图5-5所示。

根据锥度的定义有

$$C=\frac{D-d}{L} \qquad (5-3)$$

D、d、L 三个参数与 C 的关系为

$$D=d+CL \qquad (5-3a)$$

$$d=D-CL \qquad (5-3b)$$

$$L=\frac{D-d}{C} \qquad (5-3c)$$

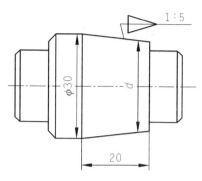

图5-5 圆锥的标注

圆锥半角 $\alpha/2$ 与锥度 C 的关系为

$$\tan\frac{\alpha}{2}=\frac{C}{2} \quad 或 \quad C=2\tan\frac{\alpha}{2} \qquad (5-4)$$

【例5-3】有一圆锥工件，已知锥度 $C=1:10$，大端直径 $D=50\,\text{mm}$，圆锥长度 $L=30\,\text{mm}$，求小端直径。

解 根据公式（5-3b）得

$$d=D-CL=50-\frac{1}{10}\times30=47 \quad (\text{mm})$$

工作单

任务名称	具体操作内容			
圆锥参数计算	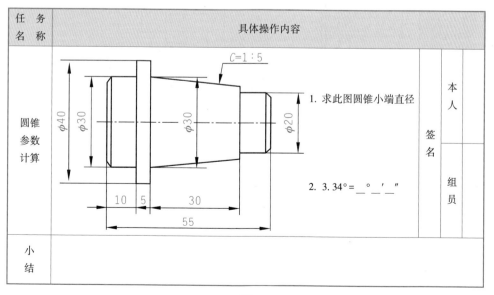	1. 求此图圆锥小端直径 2. 3.34°＝＿°＿′＿″	签名	本人 组员
小结				

课后反馈

一、理论题

(1) 圆锥面有哪两种形式？

(2) 圆锥各部分名称是什么？

(3) 圆锥有哪4个基本参数？

(4) 已知 $C = 1 : 3$，试用近似计算公式计算圆锥半角。

任务二　车削圆锥面

任务书

任务目标	1. 了解圆锥面的车削方法； 2. 掌握用转动小滑板法车削圆锥； 3. 掌握用万能角度尺测量圆锥
任务 图样 （图5-6）	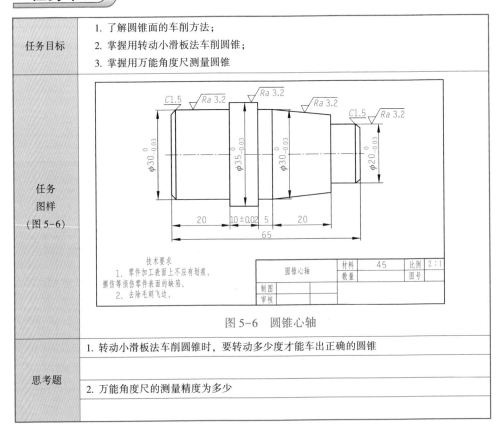 图 5-6　圆锥心轴
思考题	1. 转动小滑板法车削圆锥时，要转动多少度才能车出正确的圆锥 2. 万能角度尺的测量精度为多少

学习指导

一、外圆锥面的车削

由于圆锥的素线与轴线相交成圆锥半角 $\alpha/2$，因此，车削圆锥时，车刀必须沿着与圆锥轴线相交成圆锥半角 $\alpha/2$ 的方向运动，才能车削出正确的圆锥。

车外圆锥面的方法主要有转动小滑板法、偏移尾座法、仿形法和宽刃刀车削法四种。

1. 转动小滑板法

把小滑板按工件的圆锥半角 $\alpha/2$ 要求转动一个相应角度，使车刀的运动轨迹与所要加工的圆锥素线平行。该方法操作简便，主要适用于单件、小批量生产，特别适用于工件长度较短、圆锥角度大的圆锥面。图 5-7 所示为转动小滑板车削外圆锥。

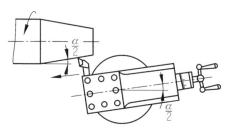

图 5-7　转动小滑板车削外圆锥

1）转动小滑板法的特点

（1）可以车削各种角度的内、外圆锥，适用范围广。

（2）调整方便，在同一工件上可车削几种不同的圆锥角。

（3）只能用手动进给，工人劳动强度大，且表面粗糙度难以控制。

转动小滑板
车削圆锥孔

（4）受小滑板行程的限制，只能加工锥面较短的工件。

2）注意事项

（1）装夹工件和车刀：工件旋转中心必须与主轴旋转中心重合；车刀刀尖必须严格对准工件的旋转中心，否则，车出的圆锥素线将不是直线，而是双曲线。

（2）确定小滑板转动角度：根据工件图样选择相应的公式计算出圆锥半角 $\alpha/2$，如果图样上标注的不是圆锥半角 $\alpha/2$，则一定要将其换算成圆锥半角 $\alpha/2$。

（3）转动小滑板时一定要确保转动方向正确。

车削常用锥度和标准锥度时小滑板转动角度见表 5-2。

表 5-2　车削常用锥度和标准锥度时小滑板转动角度

名　称		锥　度	小滑板转动角度	名　　称		锥　度	小滑板转动角度
莫氏	0	1 : 19. 212	1°29′27″	标准锥度	0°17′11″	1 : 200	0°08′36″
	1	1 : 20. 047	1°25′43″		0°34′23″	1 : 100	0°17′11″
	2	1 : 20. 020	1°25′50″		1°8′45″	1 : 50	0°34′23″
	3	1 : 19. 922	1°26′16″		1°54′35″	1 : 30	0°57′17″
	4	1 : 19. 254	1°29′15″		2°51′51″	1 : 20	1°25′56″
	5	1 : 19. 002	1°30′26″		3°49′6″	1 : 15	1°54′33″
	6	1 : 19. 180	1°29′36″		4°46′19″	1 : 12	2°23′09″
标准锥度	30°	1 : 1. 866	15°00′00″		5°43′29″	1 : 10	2°51′15″
	45°	1 : 1. 207	22°30′00″		7°9′10″	1 : 8	3°34′35″
	60°	1 : 0. 866	30°00′00″		8°10′16″	1 : 7	4°05′08″
	75°	1 : 0. 625	37°30′00″		11°25′16″	1 : 5	5°42′38″
	90°	1 : 0. 500	45°00′00″		18°55′29″	1 : 3	9°27′44″
	120°	1 : 0. 289	60°00′00″		16°35′32″	7 : 24	8°17′46″

2. 偏移尾座法

车削长度较长、锥度较小的外圆锥工件时，若精度要求不高，可用偏移尾座法。

采用偏移尾座法车削外圆锥面，需将工件装夹在两顶尖间，把尾座上滑板横向偏移一定距离 S，使工件的旋转轴线与车刀纵向进给方向相交成一个圆锥半角 $\alpha/2$，从而车削出圆锥，如图 5-8 所示。

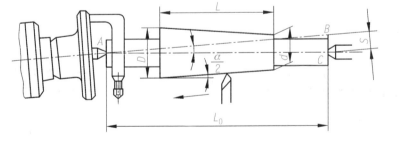

偏移尾座车
削圆锥体

图 5-8　偏移尾座车圆锥

1）计算尾座偏移量

用偏移尾座法时，必须注意尾座的偏移量不仅和圆锥长度有关，而且还和两顶尖之间的距离有关，这段距离一般可近似看作工件全长 L_0。尾座偏移量 S 可以根据下列近似公式计算：

$$S \approx L_0 \tan \frac{\alpha}{2} = \frac{D-d}{2L} L_0$$

$$S = \frac{C}{2} L_0 \qquad\qquad (5-5)$$

式中　S——尾座偏移量，mm；

　　　D——大端直径，mm；

　　　d——小端直径，mm；

　　　L——圆锥长度，mm；

　　　L_0——工件全长，mm；

　　　C——锥度。

【例 5-4】 有一圆锥工件，$D = 70\ \text{mm}$，$d = 65\ \text{mm}$，$L = 100\ \text{mm}$，$L_0 = 110\ \text{mm}$，求尾座偏移量 S。

解　根据公式（5-5）得：

$$S \approx \frac{D-d}{2L} \cdot L_0 = \frac{70-65}{2\times100} \times 110 = 2.75\ （\text{mm}）$$

2）偏移尾座法的特点

（1）适于加工锥度小、精度不高、锥体较长的工件，因受尾座偏移量的限制，不能加工锥度大的工件。

（2）可以采用纵向自动进给，使表面粗糙度和工件表面质量较好。

（3）因顶尖在中心孔中是歪斜的，接触不良，所以顶尖和中心孔磨损不均匀。

（4）不能车削内圆锥面。

3）注意事项

（1）粗车时，进刀不宜过深，应首先找正锥度，以防工件报废；精车时，a_p 和 f 都不能太大，否则会影响锥面加工质量。

（2）随时注意两顶尖的松紧，以防工件飞出伤人。

（3）偏移尾座时，应仔细、耐心调整。

3. 仿形法

仿形法是刀具按仿形装置进给对工件进行车削的一种方法。这种方法适用于加工长度较长、精度要求高、批量较大的圆锥面工件。

1）仿形法车削圆锥的原理（图 5-9）

在车床床身后安装一固定靠模板 1，其斜角可以根据工件的圆锥半角 $\alpha/2$ 调整。取出中滑板丝杠，刀架 3 通过中滑板与滑块 2 刚性连接。这样，当床鞍纵向进给时，滑板沿着固定靠模板中的斜槽滑动，带动车刀做平行于靠模板斜面的运动，其运动轨迹 BC 与斜槽 AD 平行，这样就车出了外圆锥面。

2）仿形法的特点

（1）调整锥度准确、方便、生产效率高，因而，适于批量生产。

（2）能利用车床自动进给车削内、外圆锥，表面质量好。

（3）靠模装置角度调整范围小，一般适用于圆锥半角 α/2 在 12°以内的工件。

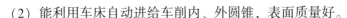

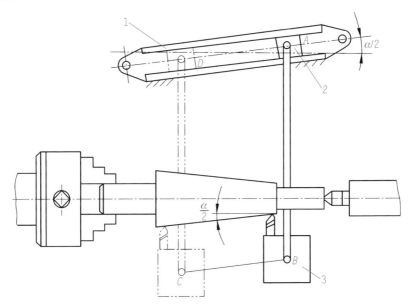

图 5-9　仿形法车削圆锥的基本原理

1—固定靠模板；2—滑块；3—刀架

4. 宽刃刀车削法

宽刃法车圆
锥面练习

这种方法属于成形法。宽刃刀属于成形刀，其刀刃必须平直，装刀后应保证刀刃与车床主轴轴线的夹角等于工件的圆锥半角，如图 5-10 所示。使用这种方法要求车床具有良好的刚性，否则容易引起振动。宽刃刀车削法只适用于较短的外圆锥。

二、内圆锥面的车削

车内圆锥面比车外圆锥面要困难，因为车锥孔时不易观察和测量。为了便于加工和测量，装夹工件时应使锥孔大端直径在外端。其加工方法主要有

图 5-10　宽刃刀车削圆锥

转动小滑板法和仿形法。

1. 转动小滑板法

用转动小滑板法车削内圆锥面的原理和方法与车削外圆锥面相同，只不过小滑板的转向为顺时针，如图 5-11 所示。

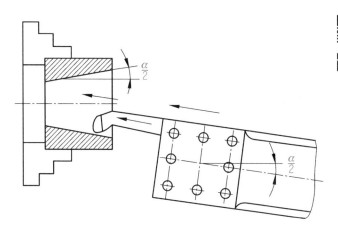

转动小滑板
车圆锥体

图 5-11　转动小滑板车圆锥孔

1）车削配套锥面

车削配套锥面的方法如图 5-12 所示。车削配套锥面时，应先将外圆锥面车好，检查合格后再换上要车削的锥孔工件。在不改变小滑板角度的前提下，把车刀反装，使其刀刃向下，车床主轴仍正转，车削内圆锥面。由于小滑板角度不变，因此可获得较正确的配套锥面。

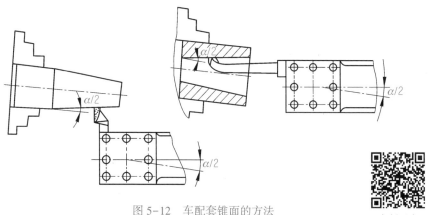

车削配套
锥面

图 5-12　车配套锥面的方法

2）车削对称锥孔

车削对称锥孔的方法如图 5-13 所示。车削时，先将右边锥孔车削合格。车刀退刀后，不改变小滑板角度，把车刀反装，再车削左边锥孔。用这种方法车削对称锥孔，能使两孔的锥度相等并可避免工件两次装夹产生的误差，保证两对称孔有很高的同轴度。

2. 仿形法

仿形法车削内圆锥面的原理和方法与车削外圆锥面相同。车削时只需将靠板转到与车削外圆锥面时相反的方向就可以了。

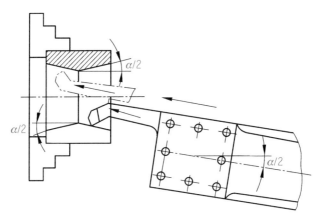

图 5-13　车削对称锥孔

三、圆锥尺寸的控制

车工在车削圆锥工件时，除了仿形法可以方便、准确地调整锥度外，其他方法都要经过多次调整才能车削准确，所以，在车削过程中需要对圆锥工件进行尺寸控制。

1. 找正锥度

在工件前端进行试车，背吃刀量给小一点，每车一刀就用万能角度尺测量一次，然后根据测量的角度大小用铜棒敲击小滑板进行小滑板角度的调整，直至锥度合格。

2. 锥体长度尺寸的控制（图 5-14）

（1）工件外圆大端直径精车至尺寸要求，小滑板锥度调整正确。

（2）使车刀与工件右端面轻微接触，退出中滑板。

（3）向左移动床鞍，移动距离为圆锥长度。

（4）进给中滑板，使车刀刀尖刚好与工件外圆接触，车出一条亮线，越浅越好。

（5）记住此时中滑板的刻度值，退出中滑板，再退小滑板至工件右端。

（6）适当进给中滑板，再进给小滑板，开始车削锥面，直到刀尖离开工件外圆。

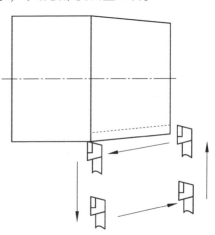

图 5-14　平行四边形法控制锥体长度

（7）再次退中滑板，退小滑板，进给中滑板，进给小滑板，路线如平行四边形。

（8）最后一次进给中滑板的刻度应与划线时的刻度相同，然后车削即可控制锥体长度，即车刀在亮线处刚好离开工件。

四、圆锥工件的测量

1. 用万能角度尺测量

1）万能角度尺的结构

万能角度尺主要用于测量各种工件的角度，但测量精度不高，只适用于单件、小批量生产。

万能角度尺的结构，如图 5-15 所示，游标固定在扇形板上，基尺和尺身连为一体，扇形板与尺身可做相对回转运动，形成与游标卡尺相似的读数机构。用夹块可将直角尺或直尺固定在扇形板上。测量时转动把手，通过小齿轮来带动扇形齿轮，使尺身相对扇形板发生转动，从而改变基尺与直角尺或直尺之间的夹角。为了读数方便，制动器可把扇形板固定在尺身的任何一个位置。

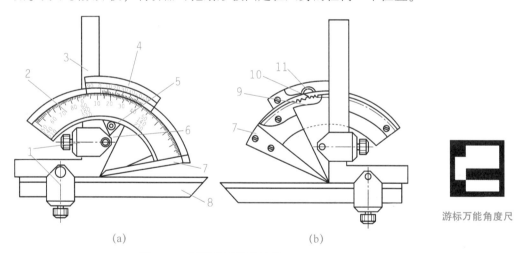

图 5-15　万能角度尺的结构

（a）正面；（b）背面

1—夹块；2—尺身；3—直角尺；4—游标；5—制动器；6—扇形板；7—基尺；

8—直尺；9—扇形齿轮；10—小齿轮；11—捏手

2）万能角度尺的读数方法

万能角度尺的读数机构是根据游标原理制成的。如图 5-16（a）所示，主尺刻线每格为 1°。游标的刻线是取主尺的 29° 等分为 30 格，因此游标尺上每格的

刻度值为

$$\frac{29°}{30}=\frac{60'×29}{30}=58'$$

主尺 1 格和游标尺 1 格之差：

$$1°-58'=2'$$

即万能角度尺的测量精度为 2′。

万能角度尺的读数方法为：

（1）以游标零刻线位置为准，在尺身上读取整数。

（2）看游标上哪条刻线与主尺上的某一刻线（第 a 条刻线）对齐，再用精度值乘刻线数（a），得出小数值；

（3）整数加上小数得到万能角度尺的读数。

图 5-16（b）所示的读数为 10°52′。

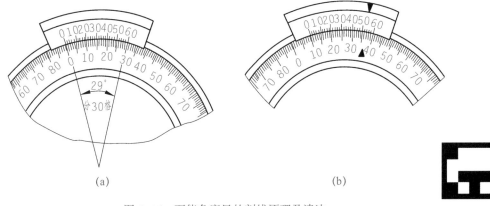

(a)

(b)

图 5-16 万能角度尺的刻线原理及读法
（a）刻线原理；（b）读数方法

万能角度尺读数

3）万能角度尺的测量范围

由于角尺与直尺可以移动和拆换，万能角度尺可以测量 0°～320°的任何数值。测量时，根据工件角度的大小，选用不同的测量装置，如图 5-17 所示。测量 0°～50°的角度工件，选用如图 5-17（a）所示的装置；测量 50°～140°的角度工件，选用如图 5-17（b）所示的装置；测量 140°～230°的角度工件，选用如图 5-17（c）、图 5-17（d）所示的装置；如果将角尺与直尺都卸下，还可以测量 230°～320°的角度工件。

2. 用角度样板测量

在成批和大量生产时，可用专用的角度样板来测量。用样板测量圆锥齿轮坯角度的方法，如图 5-18 所示。

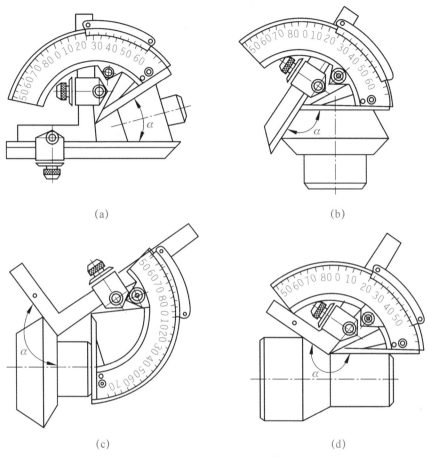

(a)　　　　　　　　　　　　　　　(b)

(c)　　　　　　　　　　　　　　　(d)

图 5-17　用万能角度尺测量工件的方法

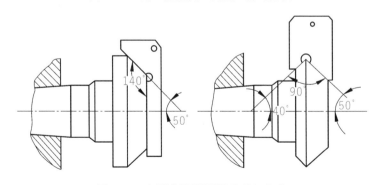

图 5-18　用样板测量圆锥齿轮坯角度

用万能角度尺
测量样板角度

3. 用圆锥量规测量

当工件是标准圆锥时，可用圆锥量规来测量角度。圆锥量规分为圆锥塞规和圆锥套规两种，如图 5-19 所示。

用圆锥塞规检测内圆锥时，先在塞规表面顺着圆锥素线用显示剂均匀画上三条线（相互间隔120°），然后将放入内圆锥中转动1/4周，观察显示剂的擦去情况。如果显示剂擦去均匀，说明圆锥接触良好，锥度正确，如果大端擦去，小端没擦去，说明锥度小了；反之，说明锥度大了。

(a)   (b)

图 5-19　圆锥量规

（a）圆锥套规；（b）圆锥塞规

五、圆锥工件质量分析

车削圆锥的主要质量问题是工件的锥度不对或圆锥的母线不直而造成的废品。废品的种类、原因及预防措施见表5-3。

表 5-3　车削圆锥时产生废品的种类、原因及预防措施

废品种类	产 生 原 因	预 防 措 施
锥度不正确	用转动小滑板车削时： （1）小滑板转动角度计算错误； （2）小滑板移动时松紧不匀	（1）仔细计算小滑板应转的角度和方向，并反复试车校正； （2）调整塞铁使小滑板移动均匀
	用偏移尾座法车削时： （1）尾座偏移位置不正确； （2）工件长度不一致	（1）重新计算尾座偏移量； （2）如工件数量较多，各件的长度必须一致
	用仿形法车削时： （1）靠模角度调整不正确； （2）滑块与靠板配合不良	（1）重新调整靠板角度； （2）调整滑块和靠板之间的间隙
	用宽刃刀法车削时： （1）装刀不正确； （2）切削刃不直	（1）调整切削刃的角度和对准中心； （2）修磨切削刃的直线度
双曲线误差	车刀刀尖没有对准工件轴线	车刀必须对准工件中心

工作单

任 务 名 称	具体操作内容			
工量具 准 备	90°外圆车刀、45°外圆车刀、万能角度尺、扳手	签 名	本人	
			组员	
找正锥度	1. 用废旧材料车削至图 5-6 图样圆锥部分工件外径要求； 2. 转动小滑板角度； 3. 试车一刀，并用万能角度尺进行测量，直至锥度合格	签 名	本人	
			组员	
加工工艺 路线	1. 应用相关知识对图 5-6 图样进行加工工艺路线编制； 2. 要求规范合理 加工工艺路线：	签 名	本人	
			组员	
车削圆锥 心轴	1. 工件装夹牢固； 2. 按照工艺路线要求进行车削； 3. 安全文明生产	签 名	本人	
			组员	
小 结				

参考工艺步骤

| ××职业中专学校 | 机械加工工序卡片 | 工件型号 | 01号 | 零(部)件图号 | | 零(部)件名称 | 圆锥心轴 | | 共2页 | 第1页 |
| | | 工件名称 | | | | | | | 材料牌号 | 45钢 |

		车间	车工室	工序号	01	工序名称			每台件数	1
		毛坯种类	圆钢	毛坯外形尺寸	毛坯 φ40 mm×70 mm			同时加工件数	1
		设备名称	普通车床	设备型号	CDS6132	设备编号		切削液	
		夹具编号	1	夹具名称	三爪卡盘	工位器具编号	工位器具名称	工序工时 准终 / 单件

工步号	工步内容	工艺装备	主轴转速 / (r·min⁻¹)	切削速度 / (m·min⁻¹)	进给量 / (mm·r⁻¹)	切削深度 / mm	进给次数	工步工时 机动	辅助
1	用三爪卡盘夹住毛坯外圆,露出长度不少于32 mm,用45°刀车削端面见光	游标卡尺(0~150 mm)	575						
2	用90°车刀粗、精车 φ30 mm, φ35 mm 两级台阶,保证两级台阶长度为20 mm,12 mm	游标卡尺(0~150 mm)	800	60	0.09				
3	用45°车刀倒角 C1.5, 去毛刺	游标卡尺(0~150 mm)	800						

C1.5 φ30 φ35 20 12

续表

××职业中专学校	机械加工工序卡片	工件型号		工件名称		零(部)件图号	02号	零(部)件名称	圆锥心轴	共2页 第2页	材料牌号	45钢

	车间	车工室		工序号	02		工序名称			每台件数	1
	毛坯种类	圆钢		毛坯外形尺寸						同时加工件数	1
	设备名称	普通车床	设备型号	CDS6132		设备编号				切削液	
	夹具编号	1		夹具名称		三爪卡盘				工序工时 准终	
	工位器具编号			工位器具名称						单件	

工步号	工步内容	工艺装备	主轴转速/(r·min⁻¹)	切削速度/(m·min⁻¹)	进给量/(mm·r⁻¹)	切削深度/mm	进给次数	工步工时 机动	辅助
1	垫铜皮，夹住φ30 mm，用45°刀车削端面见光，保证总长	游标卡尺(0~150 mm)	575						
2	用90°车刀粗、精车φ30 mm，φ20 mm三级台阶，保证两级台阶长度为10 mm，20 mm，5 mm，车削圆锥1:5	游标卡尺(0~150 mm)	800	87	0.09	1			
3	用45°车刀倒角C1.5，去毛刺	游标卡尺(0~150 mm)	800						

评分标准

班级：_____　　姓名：_____　　总分：_____

考检内容		评　分　标　准	配分	自评扣分	互评扣分	自评得分	互评得分
安全意识		严格按照安全操作规程，如有出错酌情扣分	5				
"7S"要求		整理、整顿、清扫、清洁、素养、节约、安全	5				
长度尺寸	10 ± 0.02	每车大（车小）1丝扣1分	10				
	20	尺寸超太多不给分	5				
	20	尺寸超太多不给分	5				
	5	尺寸超太多不给分	5				
	65	尺寸超太多不给分	5				
	$C1.5$	倒角不正确不给分	5				
直径尺寸	$\phi30_{-0.03}^{0}$	每车大（车小）1丝扣1分	10				
	$\phi35_{-0.03}^{0}$	每车大（车小）1丝扣1分	10				
	$\phi30_{-0.03}^{0}$	每车大（车小）1丝扣1分	10				
	$\phi20_{-0.03}^{0}$	每车大（车小）1丝扣1分	10				
$C=1:5$		锥度超出$\pm5'$不给分	10				
表面质量		表面质量没达到$Ra3.2\,\mu m$不给分	5				

课后反馈

一、工艺分析题

分析如图5-20所示零件圆锥部分工艺。

二、理论题

（1）车外圆锥面主要有几种方法？

（2）1:5、1:3两种锥度小滑板分别转多少度？

（3）仿形法适合于什么样的圆锥工件？

（4）宽刃切削法适合于什么样的圆锥工件？

（5）车内圆锥面主要有几种方法？

（6）万能角度尺的读数方法是什么？

（7）圆锥工件的测量有哪些方法？

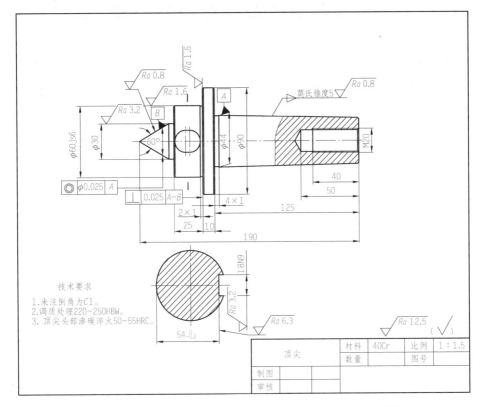

图 5-20　顶尖（选自"1+X"机械工程制图职业技能等级考试题库）

三、实训报告

完成本任务实训报告。

项目六 车削成形面与表面修饰

众所周知，篮球、足球是圆形的，橄榄球是椭圆形的，这些物体的素线不是直线而是曲线。在机器制造中，我们也经常会遇见像这样零件表面素线是曲线的零件，我们称为成形面。在这个项目中，我们将对成形面零件进行车削加工和表面修饰。

杨峰：数控机床操作者，航天逐梦人

任务一 车削成形面

任务书

任务目标	1. 了解车削成形面的加工方法； 2. 掌握用双手控制法车削成形面的方法； 3. 掌握用 R 规测量成形面的方法
任务 图样 （图6-1）	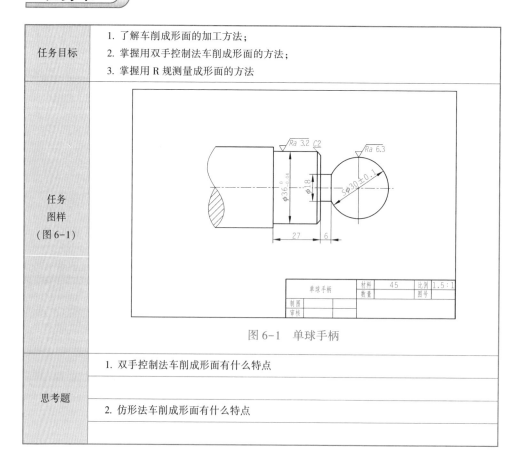 图6-1 单球手柄
思考题	1. 双手控制法车削成形面有什么特点 2. 仿形法车削成形面有什么特点

一、成形面的定义

在机器制造中，许多零件表面素线不是直线而是曲线，如单球手柄、三球手柄、摇手柄等，如图 6-2 所示，这些带有曲线的零件表面叫成形面。

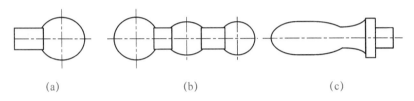

(a)　　　　　　　　(b)　　　　　　　　(c)

图 6-2　成形面
（a）单球手柄；（b）三球手柄；（c）摇手柄

二、成形面的车削方法

双手控制法
车成形面

1. 双手控制法

在车削时，用右手控制小滑板的进给，用左手控制中滑板的进给，通过双手的协调操纵，使成形刀的运动轨迹与工件成形面的素线一致，车出所要求的成形面。成形面也可利用床鞍和中滑板的合成运动进行车削，如图 6-3 所示。

1）单球手柄尺寸控制

车单球手柄时，应先车 D 和 d 外圆，并留有精车余量 0.3~0.5 mm，再车长度。

长度 L 的计算公式为

$$L=\frac{1}{2}\left(D+\sqrt{D^2-d^2}\right) \qquad (6-1)$$

式中　L——圆球部分长度，mm；

　　　D——圆球直径，mm；

　　　d——手柄直径，mm。

2）单球手柄操作要点

图 6-3　单球手柄的车削方法

当我们车削 a 点时，中拖板进刀速度要慢，小拖板退刀速度要快；车到 b 点时，中拖板进刀与小拖板退刀的速度基本相等；车到 c 点时，中拖板进刀速度要快些，而小拖板退刀速度相对要慢些，这样就能车出球面，如图 6-3 所示。这里的关键问题是两只手摇动手柄是否熟练。

双手控制法车成形面的特点是：灵活、方便，不需要其他辅助工具，但是难度较大、生产效率低、表面质量差、精度低，所以，只适用于精度要求不高、数量较少或单件产品的生产。

2. 成形刀车削法

成形刀车
削法

车削较大的内、外圆弧槽或数量较多的成形面工件时，常采用成形刀车削法。常用的成形刀有整体式普通成形刀、棱形成形刀和圆形成形刀等几种。

1）整体式普通成形刀

这种成形刀与普通车刀相似，只是切削刃磨成与成形面相同的曲线状，如图6-4所示。

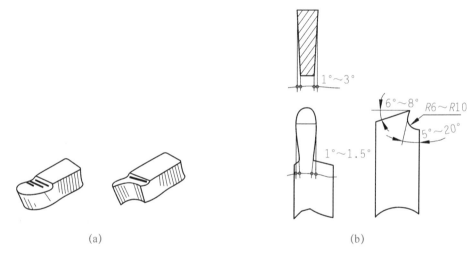

(a)   (b)

图6-4　整体式普通成形刀

（a）成形刀外形；（b）成形刀角度

成形刀主要以横向进给为主，所以主偏角为90°，前角为5°~20°，后角为6°~8°，副后角为1°~3°，副偏角为1°~1.5°，刀头宽度根据成形面大小而定，但不能太宽。

成形刀的刃磨步骤大体上和切断刀一致，只是把主后面磨成曲线状，刃磨时要左右摆动，如图6-5所示。

2）棱形成形刀

棱形成形刀由刀头和刀杆两部分组成，如图6-6所示。刀头的切削刃按工件形状在工具磨床磨出，后部的燕尾块装夹在弹性刀杆的燕尾槽内，并用螺钉紧固。

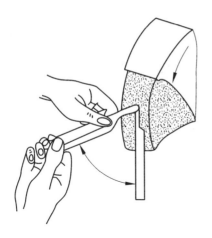

图 6-5　刃磨成形刀

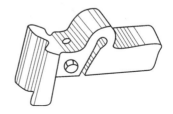

图 6-6　棱形成形刀

3）圆形成形刀

圆形成形刀的刀头做成圆轮形，在圆轮上开有缺口，以形成前刀面和主切削刃，如图 6-7 所示。使用时，为减小振动，通常将刀头安装在弹性刀杆上。为防止圆形刀头转动，在侧面做出端面齿，使之与刀杆侧面的端面齿相啮合。

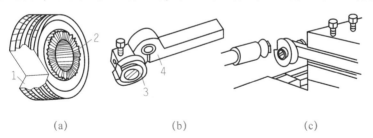

(a)　　　　　　　　　(b)　　　　　　　　　(c)

图 6-7　圆形成形刀

1—前面；2—齿形；3—圆轮；4—弹性刀杆

3. 仿形法

用仿形法车削成形面，劳动强度小、生产效率高、质量好，是一种比较先进的车削方法。仿形法适合于数量大、质量要求高的成批大量生产。

仿形法

（1）靠板靠模法车削成形面。这种方法车削成形面，实际上与采用靠板靠模车圆锥方法相同，只是把锥度靠模换成带有曲线的靠模、把滑板换成滚柱就可以了，如图 6-8 所示。

（2）尾座靠模车削成形面。这种方法与靠板靠模不同的就是把靠模装在尾座的套筒上，其车削原理和靠板靠模车成形面完全一样，如图 6-9 所示。

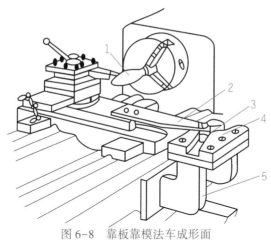

图 6-8　靠板靠模法车成形面

1—工件；2—拉杆；3—滚柱；4—靠模板；5—支架

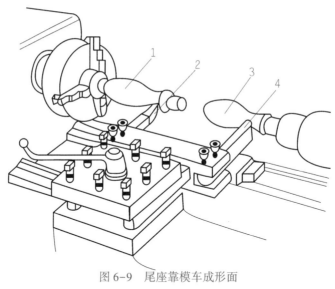

图 6-9　尾座靠模车成形面

1—工件；2—车刀；3—靠模；4—靠模杆

三、成形面的测量

　　成形面通常采用样板（或 R 规）进行测量。用样板检查时应对准工件中心，并根据样板与工件之间的间隙大小修整球面如图 6-10 所示。

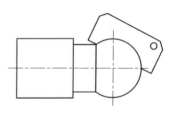

图 6-10　用样板测量成形面

　　初次车削成形面时要经常用 R 规测量，培养协调双手控制进给的能力，防止将成形面车成扁球形或是橄榄球形。

四、车成形面的质量分析

车成形面时产生废品的种类、原因及预防措施见表6-1。

表6-1　车成形面时产生废品的种类、原因及预防措施

废品种类	产 生 原 因	预 防 措 施
工件轮廓 不正确	用成形刀车削时、车刀形状刃磨得不正确，没有按主轴中心高度安装车刀，工件受切削力产生变形造成误差	仔细刃磨成形刀，车刀高度安装准确，适当减小进给量
	用双手控制进给车削时，纵、横向进给不协调	加强车削练习，使纵、横向进给协调
	用靠模加工时，靠模形状不准确、安装得不正确或靠模传动机构中存在间隙	使靠模形状准确、安装正确，调整间隙
工件 表面 粗糙	车削复杂零件时进给量过大	减小进给量
	工件刚性差或刀头伸出过长，切削时产生振动	加强工件安装刚度及刀具安装刚度
	刀具几何角度不合理	合理选择刀具角度
	材料切削性能差，未经过预备热处理	对材料进行预备热处理，改善切削性能
	切削液选择不当	合理选择切削液

工作单

任 务 名 称	具体操作内容			
工量具 准 备	成形刀、R规、90°外圆车刀、45°外圆车刀、游标卡尺	签名	本人	
			组员	
练习双手 控制法	1. 用废旧材料练习双手控制法车半圆球； 2. 用废旧材料练习双手控制法车圆弧槽	签名	本人	
			组员	
加工工艺 路线	1. 应用相关知识对图6-1图样进行加工工艺路线编制； 2. 要求规范合理 加工工艺路线：	签名	本人	
			组员	
车削单球 手柄	1. 工件装夹牢固； 2. 按照工艺路线要求进行车削； 3. 安全文明生产	签名	本人	
			组员	
小结				

参考工艺步骤

××职业中专学校	机械加工工序卡片	工件型号	零（部）件图号		共1页
		工件名称 单球手柄	零（部）件名称		第1页 材料牌号 45钢

车间 车工室	工序号 01	工序名称		每台件数
毛坯种类 圆钢	毛坯外形尺寸 毛坯φ40 mm×90 mm			
设备名称 普通车床	设备型号 CDS6132	设备编号	同时加工件数 1	切削液
夹具编号 1	夹具名称 三爪卡盘	工位器具编号	工位器具名称	
			工序工时 准终 / 单件	工步工时 机动 / 辅助

工步号	工步内容	工艺装备	主轴转速/(r·min⁻¹)	切削速度/(m·min⁻¹)	进给量/(mm·r⁻¹)	切削深度/mm	进给次数
1	用三爪卡盘夹住毛坯外圆，露出长度不少于60 mm，用45°车刀车削端面见光	游标卡尺（0~150 mm）	575				
2	用90°车刀粗、精车φ36粗，精车φ30两级台阶，保证两级台阶长度为27 mm，34 mm	游标卡尺（0~150 mm）	800	60	0.09	1	
3	用切断刀切槽φ36 mm×6 mm，并倒角C2	游标卡尺（0~150 mm）	350				
4	用刀头宽度为4 mm的成形刀车圆球	R规（R25~50 mm）	125				

零件图 01 号：$S\phi30\pm0.1$，$Ra\ 6.3$，$Ra\ 3.2$，C2，$\phi18$，6，27，$\phi36_{-0.04}$，(27)

评分标准

班级：_____　　姓名：_____　　总分：_____

考检内容		评　分　标　准	配分	自评扣分	互评扣分	自评得分	互评得分
安全意识		严格按照安全操作规程，如有出错酌情扣分	15				
"7S" 要求		整理、整顿、清扫、清洁、素养、节约、安全	15				
长度尺寸	27	尺寸超太多不给分	5				
	6	尺寸超太多不给分	5				
	C2	倒角不正确不给分	5				
直径尺寸	$\phi36_{-0.04}^{0}$	每车大（车小）1 丝扣 1 分	15				
	$\phi18$	每车大（车小）1 丝扣 1 分	10				
	$S\phi30\pm0.1$	每车大（车小）1 丝扣 1 分	15				
表面质量		表面质量没达到 $Ra3.2\ \mu m$ 不给分	15				

课后反馈

一、工艺分析题

分析如图 6-11 所示圆弧槽部分车削工艺。

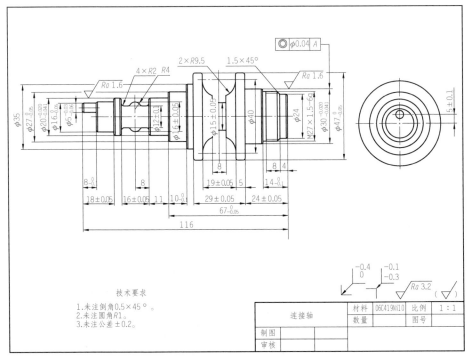

图 6-11　连接轴（选自 2019 年全国职业院校技能大赛中职组数控综合应用技术竞赛赛题）

二、理论题

（1）成形面的定义是什么？

（2）车削成形面的方法有哪些？

（3）成形刀与切断刀有什么区别？

（4）成形面一般用什么工具测量？

三、实训报告

完成本任务实训报告。

任务二　表面修饰

任务书

任务目标	1. 掌握工件抛光的加工方法； 2. 掌握滚花的方法
任务 图样 （图6-12）	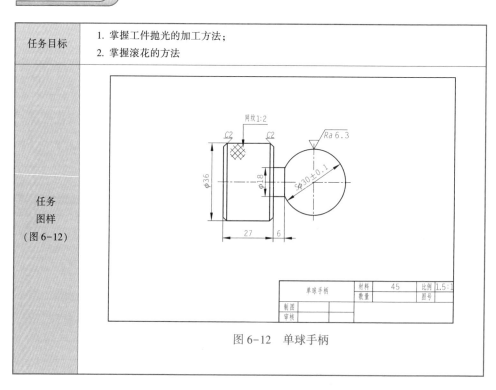 图6-12　单球手柄

续表

思考题	1. 锉刀抛光如何操作
	2. 砂布有哪些型号

学习指导

抛光

一、抛光

经过精车后的工件成形面，如果还不能够光洁，特别是双手控制法车成形面，由于手动进给不均匀，工件表面有许多刀痕，这时可用锉刀、砂布进行修整抛光。

1. 锉刀修光

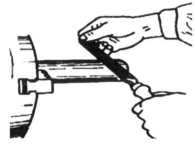

图 6-13　在车床上锉削的姿势

在车床上修整成形面时，一般选用平锉或半圆锉。工件的余量一般在 0.1 mm 左右。在锉削时为保证安全，用左手握柄，右手扶住锉刀前端锉削，如图 6-13 所示。推锉的速度要慢（一般每分钟 40 次左右），压力要均匀，缓慢移动前进，否则会把工件锉扁或呈节状。

锉削时的转速要选得合理，转速太高，容易磨钝锉齿；转速太低，容易把工件锉扁。

2. 砂布抛光

（1）砂布的型号。车床上抛光用的砂布，一般用金刚砂制成。常用的型号有 00 号、0 号、1 号、1.5 号、2 号等，其号数越小，砂布越细，抛光后的表面粗糙度值越低。

（2）砂布抛光外圆的方法。使用砂布抛光工件时，车床转速一定要高，并且移动速度要均匀。一般将砂布垫在锉刀下面进行，如余量较少时也可直接用手捏住砂布进行抛光（图 6-14），但要注意安全。成批抛光最好用抛光夹抛光，如图 6-15 所示，也可在细砂布上加机油抛光。

图 6-14　用砂布抛光工件　　　　　　图 6-15　用抛光夹抛光工件

（3）砂布抛光内孔的方法。选取尺寸小于孔径的木棒，一端开槽。将撕成条状的砂布一头插进槽内，以顺时针方向把砂布绕在木棒上，然后放进孔内进行抛光，如图 6-16 所示。

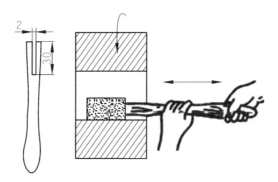

图 6-16　用抛光棒抛光内控工件

滚花

二、滚花

有些工具和机器零件的把手部分，为增加摩擦力或使零件表面美观，常常在零件表面上滚出各种不同的花纹，称为滚花。如车床的刻度盘、丝锥扳手等。

滚花的花纹一般有直纹、斜纹和网纹三种，并有粗细之分。花纹的粗细由节距 t 的大小来决定。花纹一般是在车床上用滚花刀滚压而成的。

1. 滚花刀

滚花刀有单轮、双轮和六轮等三种，如图 6-17 所示。

单轮滚花刀滚直纹、双轮滚花刀滚网纹。双轮滚花刀是由一个左旋和一个右旋滚花刀组成的，六轮滚花刀也用于滚网纹，它是将三组不同节距的双轮滚花刀装在同一特制的刀杆上。使用时，可根据需要选用粗、中、细不同的节距。

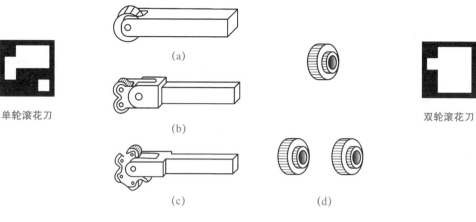

单轮滚花刀

双轮滚花刀

图 6-17　滚花刀

（a）单轮；（b）双轮；（c）六轮；（d）滚轮

2. 滚花的方法

滚花是用滚花刀来挤压工件，使其表面产生塑性变形而形成花纹，所以，滚花时产生的径向压力很大。车削滚花外圆时，根据工件材料的性质和滚花节距的大小，把滚花部分的直径车小 0.25 ~ 0.5 mm。然后将滚花刀紧固在刀架上，使滚花刀与工件表面平行，滚花刀中心和工件中心等高。在滚花刀接触工件时，必须用较大的压力进刀，使工件挤出较深的花纹，这样不容易产生乱纹。这样来回滚压 1 ~ 2 次，直到花纹凸出为止。为了减少开始时的径向压力，可先把滚花刀表面宽度的一半或三分之一跟工件表面接触，或把滚花刀装的略向右偏一些，使滚花刀与工件表面产生一个很小的夹角，这样比较容易切入，如图 6-18 所示。

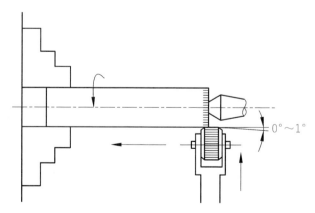

图 6-18　滚花方法

操作注意事项：滚花时应选择较低的转速，并浇注润滑液。

工作单

任 务 名 称	具体操作内容			
工量具 准 备	滚花刀、切断刀、45°车刀、游标卡尺	签 名	本人	
			组员	
滚花练习	用废旧材料练习滚花，做到不产生乱纹	签 名	本人	
			组员	
加工工艺 路线	1. 应用相关知识对图6-12图样进行加工工艺路线编制； 2. 要求规范合理 加工工艺路线：	签 名	本人	
			组员	
车削单球 手柄	1. 工件装夹牢固； 2. 按照工艺路线要求进行车削； 3. 安全文明生产	签 名	本人	
			组员	
小 结				

参考步骤

××职业中专学校	机械加工工序卡片	工件型号		零(部)件图号					共 2 页
		工件名称	01 号	零(部)件名称	单球手柄				第 1 页

车间	车工室	工序号	01	工序名称	单球手柄			材料牌号	45 钢
毛坯种类	圆钢	毛坯外形尺寸	任务—成品					每台件数	1
设备名称	普通车床	设备型号	CDS6132	设备编号				同时加工件数	1
夹具编号	1			夹具名称	三爪卡盘			切削液	
工位器具编号				工位器具名称				工序工时	准终 / 机动

工步号	工步内容	工艺装备	主轴转速/(r·min⁻¹)	切削速度/(m·min⁻¹)	进给量/(mm·r⁻¹)	切削深度/mm	进给次数	工步工时 机动	辅助
1	用三爪卡盘夹住毛坯外圆，用切断刀在27 mm 阶台左侧 5 mm 处切槽 ϕ32 mm×5 mm	游标卡尺（0~150 mm）	575						
2	用滚花刀对 ϕ36 mm 阶台滚花	游标卡尺（0~150 mm）	45	5					
3	用切断刀沿槽切断	游标卡尺（0~150 mm）	575						

续表

××职业中专学校	机械加工工序卡片	工件型号		零(部)件图号			共2页
		工件名称		零(部)件名称 02号	单球手柄	工序名称	第2页
		车间	车工室	工序号 02			材料牌号 45钢
		毛坯种类 圆钢		毛坯外形尺寸			每台件数 1
				任务—成品			
		设备名称 普通车床		设备型号 CDS6132		设备编号	同时加工件数 1
		夹具编号 1		夹具名称 三爪卡盘			切削液
		工位器具编号		工位器具名称			工序工时 准终
							单件

Ra 6.3　C2　C2　φ36　φ18　Sφ30±0.1　27　6　(27)

工步号	工步内容	工艺装备	主轴转速/(r·min⁻¹)	切削速度/(m·min⁻¹)	进给量/(mm·r⁻¹)	切削深度/mm	进给次数	工步工时 机动	辅助
1	滚花部分垫铜皮进行装夹校正，用45°刀平端面，保证阶台长度为27 mm，倒角C2	游标卡尺（0~150 mm）	575						

· 128 ·

评分标准

班级：＿＿＿＿＿＿　　姓名：＿＿＿＿＿＿　　　总分：＿＿＿＿＿＿

考检内容		评　分　标　准	配分	自评扣分	互评扣分	自评得分	互评得分
安全意识		严格按照安全操作规程，如有出错酌情扣分	20				
"7S"要求		整理、整顿、清扫、清洁、素养、节约、安全	20				
长度尺寸	27	尺寸超太多不给分	10				
	C2	倒角不正确不给分	5				
滚花		滚花产生乱纹不给分	45				

课后反馈

一、理论题

（1）锉刀抛光的注意事项是什么？

（2）砂布抛光外圆的方法是什么？

（3）什么叫滚花？

（4）滚花的花纹有几种？

（5）滚花的注意事项是什么？

二、实训报告

完成本项目实训报告。

项目七 车削螺纹

螺纹用途十分广泛，有作连接的，也有作传递动力的。机器制造中有很多零件都有螺纹。螺纹的加工方法多种多样，大规模生产直径较小的三角螺纹，常采用滚丝、搓丝或轧丝的方法，对数量较少或批量不大的螺纹工件常采用车削的方法。德国人对一颗小小的螺丝钉都达到了锱铢必较的地步，我们也必须在本节课学习车削螺纹时，做到精益求精。

江碧舟：让技术成为"肌肉记忆"

任务一　了解螺纹基础知识

任务书

任务目标	1. 了解螺纹的基本术语； 2. 了解螺纹的代号及标记； 3. 学会螺纹的尺寸计算
思考题	1. 螺纹可以分为哪些类别
	2. 什么叫螺距

学习指导

一、螺纹的形成

1. 螺旋线

如图7-1所示，用底边等于圆柱周长的直角三角形 ABC 围绕圆柱体旋转一周后，斜边 AC 在圆柱表面上所形成的曲线就是螺旋线。

2. 螺纹的车削原理

螺纹的形成是指螺纹牙型的形成，实际加工时，是从圆柱形毛坯上切出螺纹的齿沟来获得螺纹牙型。图7-2所示为螺纹车削原理。

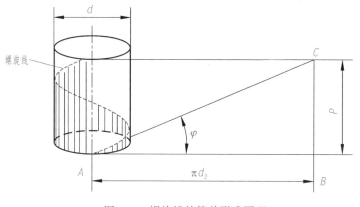

螺旋线形成原理

图 7-1　螺旋线的简单形成原理

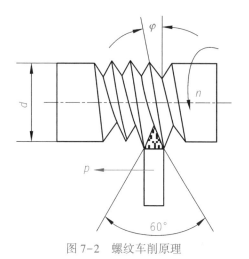

车削外螺纹示意图

图 7-2　螺纹车削原理

二、螺纹的分类

螺纹的种类很多，按用途可分为连接螺纹和传递螺纹；按牙型特点可分为三角形螺纹、梯形螺纹、矩形螺纹、锯齿形螺纹等（图 7-3）；按螺旋线方向可分为右旋螺纹和左旋螺纹（图 7-4）；按螺旋线的多少又可分为单线螺纹和多线螺纹，如图 7-5 所示。

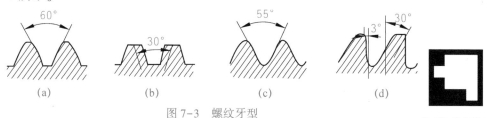

图 7-3　螺纹牙型

常用螺纹的种类

（a）三角形螺纹；（b）梯形螺纹；（c）管螺纹；（d）锯齿形螺纹

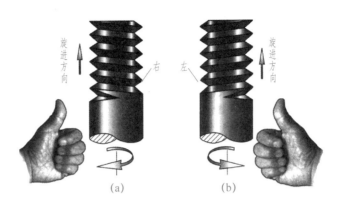

图 7-4　左旋螺纹与右旋螺纹

(a) 左旋；(b) 右旋

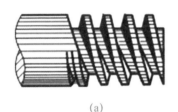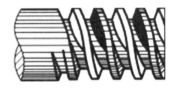

螺纹的结构要素

(a)　　　　　　　　　　　　　　　　(b)

图 7-5　单线螺纹与多线螺纹

(a) 单线螺纹；(b) 多线螺纹

三、螺纹术语（图7-6）

1. 螺纹直径（螺纹大径）

代表螺纹尺寸的直径，指螺纹大径的基本尺寸，也称公称直径。

（1）外螺纹大径 d，即外螺纹顶径。

（2）内螺纹大径 D，即内螺纹底径。

2. 螺纹小径

（1）外螺纹小径 d_1，即外螺纹底径。

（2）内螺纹小径 D_1，即内螺纹孔径。

3. 螺纹中径（D_2、d_2）

中径是螺纹的重要尺寸，螺纹配合时就是靠在中径线上内、外螺纹中径接触来实现传递动力或紧固作用。

中径是一个假象圆柱的直径，该圆柱的母线通过螺纹的牙宽和槽宽正好相等时，这个圆柱的直径就是螺纹的中径。外螺纹和内螺纹的中径相等，即 $D_2 = d_2$。

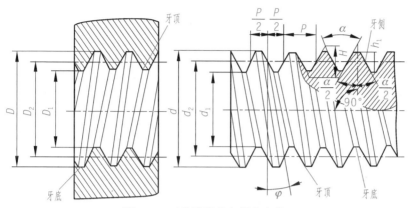

螺纹的主要参数

图 7-6 三角形螺纹各部分名称

（a）左旋内螺纹；（b）右旋外螺纹

4. 螺距 P

相邻两牙在中径线上对应两点间的轴向距离。

5. 导程 L

在同一螺旋线上，相邻两牙在中直径线上对应两点间的轴向距离。

多线螺纹导程和螺距的关系是：

$$L=nP \qquad (7-1)$$

式中　L——螺纹的导程，mm；

　　　n——多线螺纹的线数；

　　　P——螺距，mm。

6. 原始三角形高度 H

在过螺纹轴线的截面内，牙侧两边交点在垂直于螺纹轴线方向的距离。

普通三角形螺纹原始三角形高度与螺距的关系为

$$H=0.866P \qquad (7-2)$$

式中　H——原始三角形高度，mm；

　　　P——螺距，mm。

7. 牙型高度

螺纹牙顶和牙底在垂直于螺纹轴线方向的距离。

8. 牙型角 α

在过螺纹轴线的截面内，相邻两牙侧之间的夹角。

9. 螺纹升角 ψ

在中径圆柱上，螺旋线的切线与垂直于螺纹轴线的平面之间的夹角。

其计算公式：

$$\tan \psi = \frac{L}{\pi d_2} = \frac{nP}{\pi d_2} \qquad (7-3)$$

式中　ψ——螺纹升角；

d_2——螺纹中径，mm；

P——螺距，mm；

L——导程，mm；

n——多线螺纹的线数。

四、螺纹代号

普通三角形螺纹分为粗牙普通螺纹和细牙普通螺纹两种。普通粗牙螺纹用字母"M"及公称直径表示，如 M8、M16 等。普通细牙螺纹用字母"M"及"公称直径×螺距"表示，如 M10×1、M20×1.5 等。

当螺纹为左旋时，在螺纹代号之后加"左"字或"LH"，如 M16 左，M20×1.5-LH。

五、三角螺纹的尺寸计算

普通三角形螺纹牙型如图 7-7 所示，普通螺纹尺寸计算公式见表 7-1。

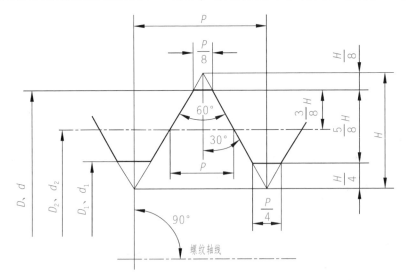

图 7-7　普通三角形螺纹牙型

表7-1 普通螺纹尺寸计算公式

名称	代号	计算公式
牙型角	α	$60°$
原始三角形高度	H	$H=0.866P$
牙型高度	h	$H=\dfrac{5}{8}H=\dfrac{5}{8}\times0.866P\approx0.5431P$
大径	D、d	$d=D$（大径与公称直径相同）
中径	d_2、D_2	$d_2=D_2=d-2\times\dfrac{3}{8}H=d-0.6495P$
小径	d_1、D_1	$d_1=D_1=d-2h=d-1.0826P$

普通螺纹基本尺寸见表7-2。

表7-2 普通螺纹基本尺寸（部分）

公称直径 D、d		螺距 P	中径 D_2、d_2	小径 D_1、d_1
第一系列	第二系列			
3		0.50	2.675	2.459
		0.35	2.773	2.621
	3.5	(0.60)	3.110	2.850
		0.35	3.273	3.121
4		0.70	3.545	3.242
		0.50	3.675	3.459
	4.5	(0.75)	4.013	3.688
		0.50	4.175	3.959
5		0.80	4.480	4.134
		0.50	4.675	4.459
6		1.00	5.350	4.917
		0.75	5.513	5.188
8		1.25	7.188	6.647
		1.00	7.350	6.917
		0.75	7.513	7.188
10		1.50	9.026	8.376
		1.25	9.188	8.647
		1.00	9.350	8.917
		0.75	9.513	9.188

公称直径 D、d		螺距 P	中径 D_2、d_2	小径 D_1、d_1
第一系列	第二系列			
12		1.75	10.863	10.106
		1.50	11.026	10.376
		1.25	11.188	10.647
		1.00	11.350	10.917
	14.0	2.00	12.701	11.835
		1.50	13.026	12.376
		1.00	13.350	12.917
16		2.00	14.701	13.835
		1.50	15.026	14.376
		1.00	15.350	14.917
	18.0	2.50	16.376	15.294
		2.00	16.701	15.835
	18.0	1.50	17.026	16.376
		1.00	17.350	16.917
20		2.50	18.376	17.294
		2.00	18.701	17.835
		1.50	19.026	18.376
		1.00	19.350	18.917
	22	2.50	20.376	19.294
		2.00	20.701	19.835
		1.50	21.026	20.376
		1.00	21.350	20.917
24		3.00	22.051	20.752
		2.00	22.701	21.835
		1.50	23.026	22.376
		1.00	23.350	22.917
	27	3.00	25.051	23.752
		2.00	25.701	24.835
		1.50	26.026	25.376
		1.00	26.350	25.917
30		3.50	27.727	26.211
		2.00	28.701	27.853
		1.50	29.026	28.376
		1.00	29.350	28.917

续表

公称直径 D、d		螺距 P	中径 D_2、d_2	小径 D_1、d_1
第一系列	第二系列			
	33	3.50	30.727	29.211
		2.00	31.701	30.835
		1.50	32.026	31.376
36		4.00	33.402	31.670
		3.00	34.051	32.752
		2.00	34.701	33.835
		1.50	35.026	34.376
	39	4.00	36.402	34.670
		3.00	37.051	35.572
	39	2.00	37.701	36.835
		1.50	38.026	37.376
42		4.50	39.077	37.129
		3.00	40.051	38.752
		2.00	40.701	39.835
		1.50	41.026	40.376
	45	4.50	42.077	40.129
		3.00	43.051	41.752
		2.00	43.701	42.835
		1.50	44.026	43.376
48		4.00	44.752	42.587
		3.00	46.051	44.752
		2.00	46.701	45.835
		1.50	47.026	46.376
	52	5.00	48.752	46.587
		3.00	50.051	48.752
		2.00	50.701	49.835
		1.50	51.026	50.376
56		5.50	52.428	50.046
		4.00	53.402	51.670
		3.00	54.051	52.752
		2.00	54.701	53.835
		1.50	55.026	54.376

公称直径 D、d		螺距 P	中径 D_2、d_2	小径 D_1、d_1
第一系列	第二系列			
	60	(5.50)	56.428	54.046
		4.00	57.402	55.670
		3.00	58.051	56.752
		2.00	58.701	57.835
		1.50	59.026	58.376
64		6.00	60.103	57.505
		4.00	61.402	59.670
		3.00	62.051	60.752

注：1. "螺距 P" 栏中第一个数值为粗牙螺距，其余为细牙螺距。

2. 优先选用第一系列，其次第二系列，第三系列（表中未列出）尽可能不用。

3. 括号内尺寸尽可能不用。

工作单

任务名称	具体操作内容			
计算普通螺纹尺寸	根据表 7-1 公式，计算普通螺纹 M20×2 的牙型高度、中径、小径尺寸	签名	本人	
			组员	
小结				

课后反馈

一、理论题

（1）螺纹是怎么形成的？

（2）螺纹有哪些基本术语？

（3）M10×1 表示什么意思？

（4）M20 的螺距是多少？

任务二　车削三角形螺纹

任务书

任务目标	1. 学会刃磨螺纹车刀； 2. 掌握车削三角形螺纹的方法； 3. 掌握测量螺纹的方法
任务图样（图7-8）	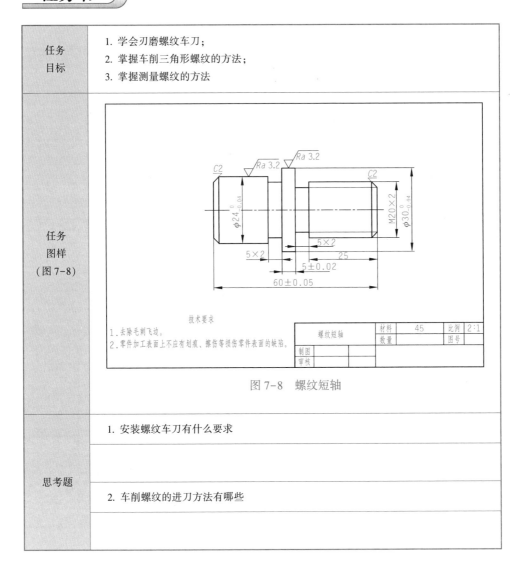 技术要求 1. 去除毛刺飞边。 2. 零件加工表面上不应有划痕、擦伤等损伤零件表面的缺陷。 图 7-8　螺纹短轴
思考题	1. 安装螺纹车刀有什么要求
	2. 车削螺纹的进刀方法有哪些

螺纹车刀
的要求

学习指导

一、三角形螺纹车刀

1. 对螺纹车刀的要求

螺纹车刀属于成形刀具，要保证螺纹牙型精度，必须正确刃磨和安装车刀。对螺纹的要求主要有以下几点：

（1）车刀的刀尖角一定要等于螺纹的牙型角。

（2）精车时车刀的纵向前角应等于0°；粗车时允许有5°~15°的纵向前角。

（3）因受螺纹升角的影响，车刀两侧面的静止后角应刃磨得不相等，进给方向后面的后角较大，一般应保证两侧面均有3°~5°的工作后角。

（4）车刀两侧刃的直线性要好。

2. 普通螺纹车刀

车刀从材料上分为高速钢螺纹车刀和硬质合金螺纹车刀两种。

1）高速钢螺纹车刀

高速钢螺纹车刀刃磨方便、切削刃锋利、韧性好，能承受较大的切削冲击力，车出螺纹的表面粗糙度小。但是它的耐热性差，不宜高速车削，所以，常用来作为螺纹精车刀低速车削。

高速钢三角形外螺纹车刀的几何形状如图7-9所示。

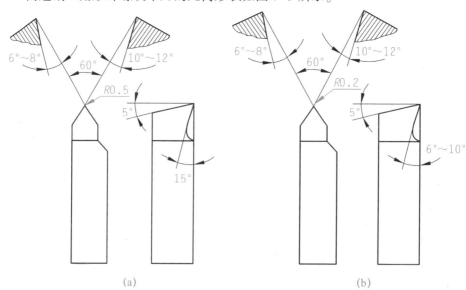

图7-9　高速钢三角形外螺纹车刀的几何形状

（a）粗车刀；（b）精车刀

高速钢三角形内螺纹车刀的几何形状如图 7-10 所示。

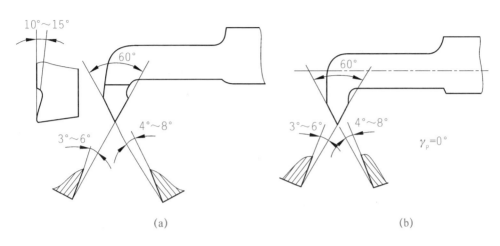

图 7-10　高速钢三角形内螺纹车刀的几何形状

（a）粗车刀；（b）精车刀

高速钢三角形螺纹车刀的刀尖角一定要等于牙型角。当车刀的纵向前角 $\gamma_0 =$ 0°时，车刀两侧刃之间夹角等于牙型角；若纵向前角不为 0°，车刀两侧刃不通过工件轴线，车出螺纹的牙型不是直线而是曲线。当车削精度要求较高的三角形螺纹时，一定要考虑纵向前角对牙型精度的影响。为切削顺利，纵向前角选在 5°~15°，这时车刀两侧刃的夹角不能等于牙型角，而应当比牙型角小 30′~1°30′。应当注意，纵向前角不能选得过大，若纵向前角过大，不仅影响牙型精度，而且还容易引起扎刀现象。

2）硬质合金螺纹车刀

硬质合金螺纹车刀的硬度高、耐磨性好、耐高温，但抗冲击能力差。车削硬度较高的工件时，为增加刀刃强度，应在车刀两切削刃上磨出宽度 0.2~0.4 mm 的负倒棱。高速车削螺纹时，因挤压力较大会使牙型角增大，所以车刀的刀尖角应磨成 59°30′。

硬质合金三角形外螺纹车刀的几何形状如图 7-11 所示。

硬质合金三角形内螺纹车刀的几何形状如图 7-12 所示。

3）三角形螺纹车刀的刃磨和角度测量

刃磨三角形螺纹车刀的步骤如下：

（1）磨后刀面。先磨左侧后刀面，双手握刀，使刀柄与砂轮外圆水平方向成 30°、垂直方向倾斜 8°~10°，均匀移动磨出后刀面，然后再磨右侧后刀面，如图 7-13（a）和图 7-13（b）所示。

（2）磨前刀面。将车刀前刀面与砂轮平面水平方向做倾斜 10°~15°，同时垂直方向做微量倾斜，使左侧切削刃略低于右侧切削刃，逐渐磨到靠近刀尖处，如

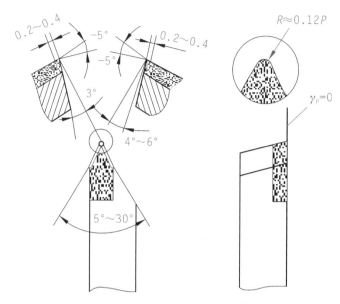

图 7-11 硬质合金三角形外螺纹车刀的几何形状

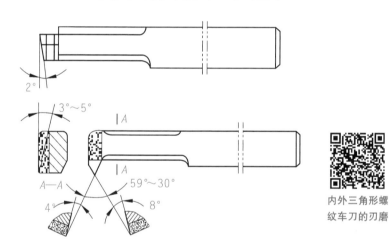

内外三角形螺
纹车刀的刃磨

图 7-12 硬质合金三角形内螺纹车刀的几何形状

图 7-13（c）所示。

（3）检查刀尖角。因为车刀有径向前角，所以检查时，应使刀杆上平面和螺纹样板上平面平行，通过观察刀刃与样板间的透光来判别刃磨出的刀尖角是否正确，并及时修复到符合样板角度要求，如图 7-13（d）所示。

（4）磨刀尖圆弧。车刀刀尖对准砂轮外圆，后角保持不变，刀尖移向砂轮做圆弧摆动，磨出刀尖圆弧。

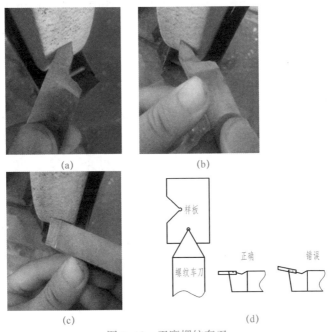

图 7-13　刃磨螺纹车刀

（a）,（b）磨后刀面；（c）磨前刀面；（d）检查刀尖角

二、螺纹车刀的安装

螺纹车刀的安装位置是否正确，对加工后的螺纹牙型的正确性有较大影响。

（1）对于三角形螺纹、梯形螺纹，其牙型要求对称并垂直于工件轴线，两牙型半角要相等，如果把车刀装歪，会产生牙型歪斜，如图 7-14 所示。

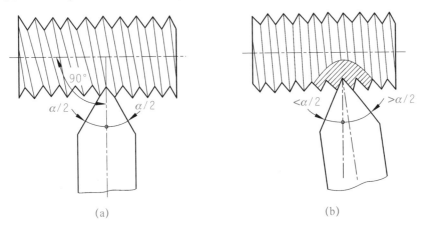

图 7-14　螺纹车刀安装对牙型的影响

（a）牙型半角相等；（b）牙型半角不等

（2）在安装螺纹车刀时，必须使刀尖与工件中心（车床主轴轴线）在同一高度上，并且刀尖轴线与工件轴线垂直，装刀时可以使用样板辅助对刀，如图 7-15 所示。

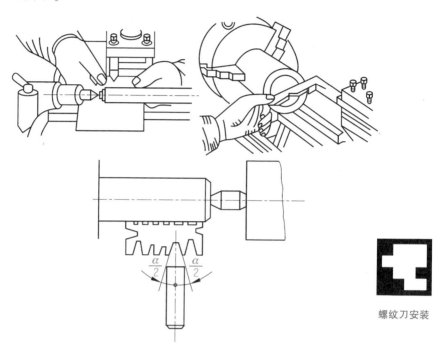

螺纹刀安装

图 7-15　螺纹车刀的安装

（3）螺纹车刀不宜伸出刀架过长，一般以伸出长度为刀柄厚度的 1.5 倍为宜，为 25~30 mm。

三、车削三角形螺纹

车削三角形螺纹的方法有低速车削和高速车削两种。低速车削使用高速钢螺纹车刀，高速车削使用硬质合金螺纹车刀。

1. 低速车削三角形外螺纹的进刀方法

低速车削三角形外螺纹的进刀方法有直进法、左右切削法和斜进法三种，如图 7-16 所示。

1）直进法

车削时只用中滑板横向进给，在几次行程中把螺纹车成形，如图 7-16（a）所示。

直进法车削螺纹容易保证牙型的正确性，但这种方法车削时，车刀刀尖和两侧切削刃同时进行切削，切削力较大，容易产生扎刀现象，因此，只适用于车削较小螺距的螺纹。

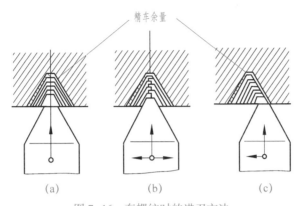

图 7-16　车螺纹时的进刀方法

（a）直进法；（b）左右切削法；（c）斜进法

2）左右切削法

车削螺纹时，除直进法外，同时用小滑板把车刀向左、右微量进给，几次行程后把螺纹车削成形，如图 7-16（b）所示。

采用左右切削法时，车刀只有一个侧面进行切削，不仅排屑顺利，而且还不易扎刀。但精车时，车刀左右进给量一定要小，否则易造成牙底过宽或牙底不平。

3）斜进法

粗车时为操作方便，除直进法外，小滑板只向一个方向做微量进给，几次行程后把螺纹车成形，如图 7-16（c）所示。

采用斜进法车削螺纹，操作方便、排屑顺利，不易扎刀，但只适用于粗车，精车时还必须用左右切削法来保证螺纹精度。

2. 高速车削三角形外螺纹的进刀方法

高速车削三角形外螺纹

高速车削三角形外螺纹，只能采用直进法，而不能采用左右切削法，否则会拉毛牙型侧面，影响螺纹精度。高速车削时，车刀两侧刃同时参加切削，切削力较大，为防止产生振动和扎刀，刀尖应高于工件中心 0.1~0.2 mm。

高速车削三角形外螺纹时，由于车刀对工件的挤压力很大，容易使工件胀大，因此，车削螺纹螺距为 1.5~3.5 mm 的工件时，工件外径尺寸应比螺纹的大径小 0.15~0.25 mm。

3. 车削三角形内螺纹

车削三角形内螺纹

车削三角形内螺纹的方法和车削外螺纹的方法基本相同，只是车削内螺纹要比车削外螺纹困难得多。因为，车内螺纹时（尤其是直径较小的螺纹），存在刀柄细长、刚性差、切屑不易排出、切削液不易注入及不便观察等特点。

内螺纹工件形状常见有三种，即通孔、盲孔和阶台孔。由于工件形状不同，因此，车削方法及所用的螺纹车刀也不同。

1）车刀的选择

车削通孔内螺纹时可选如图7-17（a）、图7-17（b）所示形状的车刀，车削盲孔或阶台孔内螺纹时可选如图7-17（c）、图7-17（d）所示形状的车刀。

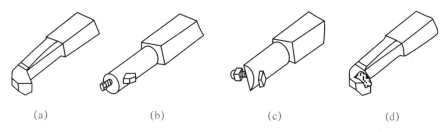

(a)　　　　　　　(b)　　　　　　　(c)　　　　　　　(d)

图7-17　内螺纹车刀

2）车刀的安装

安装内螺纹车刀时，应使刀尖对准工件中心，同时使两刃夹角中线垂直于工件轴线，可采用样板对刀的方法。装好刀后，还应摇动床鞍，使车刀在孔中试车一遍，检查刀柄是否与孔口相碰。

3）车螺纹前孔径的计算

在车内螺纹时，一般先钻孔或扩孔。由于切削时的挤压作用，内径直径会缩小，所以，车螺纹前孔径应略大于小径的基本尺寸，一般按下列公式计算：

车削塑形金属　　　　　　　　$D_孔 = D - P$　　　　　　　　　　（7-4）

车削脆形金属　　　　　　　　$D_孔 \approx D - 1.05P$　　　　　　（7-5）

式中　D——大径。

【例7-1】需在铸铁工件上车削 M30×1.5 的内螺纹，试求车削螺纹之前孔径应车成多少？

　　解　铸铁为脆性金属工件，根据式（7-5）可得：

$$D_孔 \approx D - 1.05P = 30 - 1.05 \times 1.5 = 28.4 （mm）$$

4）车削内螺纹时的注意事项

（1）车削通孔内螺纹时，应先把内孔、端面和倒角车好再车螺纹，其进刀方法和车削外螺纹完全相同。

（2）车削盲孔螺纹时一定要小心，退刀和工件反转动作一定要迅速，否则，车刀刀头将会和孔底相撞。为控制螺纹长度，避免车刀和孔底相撞，最好在刀杆上做标记，或根据床鞍纵向移动刻度盘控制行程长度。

4. 车削三角形螺纹的方法

1）提开合螺母法

该方法适用于退刀时采用打开开合螺母的场合。

操作方法是：启动车床，螺纹车刀在工件外圆表面对刀后，移动车刀在工件的起点位置，横向进给后（第一刀 0.5 mm 左右，以后随着进给次数的增加逐渐减少），合上开合螺母纵向进给，第一次进给结束后，在螺母结束长度位置迅速拉开开合螺母，使刀架和丝杠脱离，然后纵向退刀至螺母起点，重新横向进刀后，再合上开合螺母开始第二次进给，如此往复车削至螺纹完成。采用这种操作方法只适合车床丝杠螺距是工件螺距整数倍的螺纹，否则，会产生乱牙。

2）开倒顺车法

退刀时不打开开合螺母，而采用开倒顺车机动退刀，车刀与工件的位置始终对应，就不会发生乱牙。不管螺纹的螺距是多少，均能用这种方法车削。

操作方法是：启动车床，螺纹车刀在工件外圆表面对刀后，移动车刀在工件的起点位置，横向进给后（第一刀 0.5 mm 左右，以后随着进给次数的增加逐渐减少），合上开合螺母纵向进给，第一次进给结束后，不把开合螺母提起，而是右手摇中滑板使车刀横向退出离开工件表面，同时，用左手操纵操纵杆将主轴反转。这时丝杠也反转，通过开合螺母带动刀架反向退回。重调切削深度后，使主轴正转，丝杠也正转，进行第二次进给。如此重复进行重复车削，直到把工件螺纹车合格为止。这种车削方法由于工件（主轴）经丝杠、开合螺母到车刀的传动始终没有分离，车刀和工件始终保持着应有的协调联动关系，车刀始终在原来车出的螺旋槽内往返运动，所以，既防止了产生乱牙，也保证了加工出的螺距准确。

3）中途对刀的方法

车螺纹时如遇中途换刀或车刀刃磨后须重新对刀。一般选择最低转速，然后按下开合螺母，但车刀不切入工件内，待车刀移到工件表面处，移动中滑板与小滑板，使车刀刀尖完全对准在已加工的螺纹牙槽内，然后再退出中滑板，使车刀回到起点，再重新开始继续车削。

5. 车削普通螺纹时切削用量的选择

（1）切削用量的选择原则。车削螺纹时切削用量的选择，主要是指对背吃刀量和切削速度的选择，应根据工件材质、螺距的大小以及所处的加工阶段等因素来决定。

选择的原则是：

①根据车削要求，前几次进给的切削用量可大些，以后每次切削用量应逐渐减小；精车时，背吃刀量应更小，切削速度应选低些。

②根据切削状况，车外螺纹时切削用量可大些；车内螺纹时，由于刀杆刚性差，切削用量可小些；在细长轴上加工螺纹，由于工件刚性差，切削用量应适当减小；车螺距较大的螺纹，进给量较大，所以，背吃刀量和切削速度应适当减小。

③根据工件材料，加工脆性材料（铸铁、黄铜等），切削用量可小些；加工塑性材料（钢等），切削用量可大些。

④根据进给方式，直进法车削，由于切削面积大、刀具受力大，所以切削用

量可小些；若用左右切削法，切削用量可大些。

（2）普通螺纹切削深度及走刀推荐值，见表7-3。

表7-3 普通螺纹切削深度及走刀推荐值　　　　　　　　　mm

普通螺纹　牙深=0.649 5×P（P为螺距）							
螺距	1.00	1.50	2.00	2.50	3.00	3.50	4.00
牙深	0.64	0.97	1.29	1.62	1.94	2.27	2.59
走刀次数和背吃刀量	1次	0.70	0.80	0.90	1.00	1.20	1.50	1.50
	2次	0.40	0.60	0.60	0.70	0.70	0.70	0.80
	3次	0.20	0.40	0.60	0.60	0.60	0.60	0.60
	4次		0.16	0.40	0.40	0.40	0.60	0.60
	5次			0.10	0.40	0.40	0.40	0.40
	6次				0.15	0.40	0.40	0.40
	7次					0.20	0.20	0.40
	8次						0.15	0.30
	9次							0.20

四、套螺纹与攻螺纹

在车床上车削数量较多、螺距较小、精度要求不高的普通螺纹时，为提高生产效率、减小劳动强度，可采用套螺纹和攻螺纹的方法。

1. 套螺纹

套螺纹是指用板牙（图7-18）切削外螺纹的加工方法。套螺纹的加工方法是先把工件外径车好（外径要小于大径0.1~0.2 mm），然后找正尾座套筒锥孔轴线和主轴轴线同轴，把板牙装入套螺纹工具中，再把套螺纹工具插入尾座锥孔内，开动车床，摇动尾座手轮，当板牙切入工件后便停止手轮转动，让工件带动板牙自动进给。当板牙把螺纹长度加工到尺寸时，使主轴反转，板牙自动退出完成加工。

套螺纹操作方法

2. 攻螺纹

攻螺纹是用丝锥（图7-19）切削内螺纹的加工方法。

攻螺纹的方法和套螺纹的方法基本相同，首先将内螺纹底孔直径加工到位，找正尾座套筒锥孔轴线和主轴轴线同轴，把丝锥装夹到攻螺纹工具（图7-20）内，把攻螺纹工具插入位置锥孔，开动车床使工件旋转，摇动尾座手轮，当丝锥切入工件后便停止手轮转动，让工件带动丝锥自动进给。当丝锥把螺纹长度加工到尺寸时，使主轴反转，丝锥自动退出完成加工。

攻螺纹操作方法

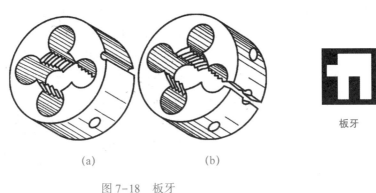

（a）　　　　　　　　　（b）

图 7-18　板牙

（a）封闭式；（b）开槽式

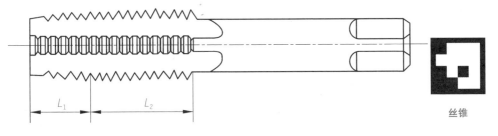

图 7-19　丝锥

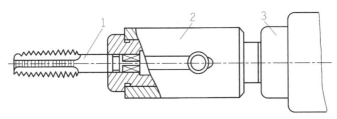

图 7-20　攻螺纹工具

1—丝锥；2—攻螺纹工具；3—尾座套筒

五、螺纹的测量

测量螺纹有两种基本方法：一种是用通用量具进行分项测量；另一种是用螺纹量规进行综合测量。

1. 分项测量

（1）大径测量。螺纹的大径有较大的公差，一般可用游标卡尺或千分尺测量。

（2）螺距测量。简单的测量方法是用钢直尺测量，如图 7-21 所示。测量时最好测量 10 个螺距，然后把长度除以 10，得出一个螺距的数值。如果螺距较大，也可少测几个螺纹的螺距。细牙螺纹用钢直尺测量比较困难，这时可用螺距规测量，如图 7-22 所示。测量时，螺距规应该放在工件的轴向平面内。如果螺距规上的牙型和工件上的牙型一致，被测螺距就是合格的。

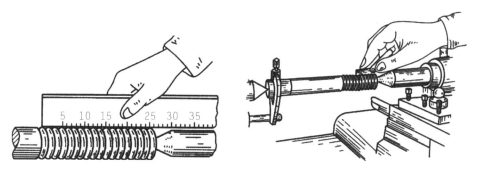

图 7-21　用钢直尺测量　　　　　图 7-22　用螺距规测量螺距

（3）中径测量。螺纹中径是螺纹分项测量的主要项目。可用螺纹千分尺测量，测量时一定要选用一套和螺纹牙型相同的上、下两个测量头，让两个测量头正好卡在螺纹的牙侧上，这时测得的千分尺读数就是该螺纹中径的实际尺寸，如图 7-23 所示。

螺纹千分尺

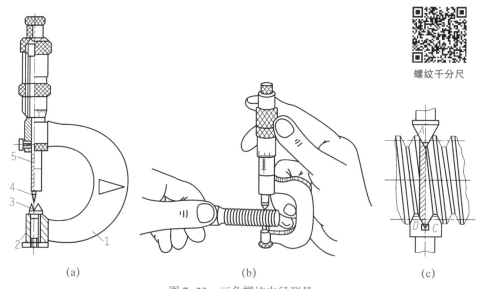

（a）　　　　　　　　　（b）　　　　　　　　　（c）

图 7-23　三角螺纹中径测量

（a）螺纹千分尺；（b）测量方法；（c）测量原理

1—尺架；2—固定螺母；3—下测量头；4—上测量头；5—测微螺杆

2. 综合测量

在实际生产中，普通螺纹的测量都是使用螺纹量规，这是一种综合测量螺纹有关参数的方法。螺纹量规分为测量外螺纹的环规和测量内螺纹的塞规两种，如图 7-24 所示。使用螺纹量规测量螺纹时，如果量规的过端正好可以旋入，但止端不能旋入，就说明被测螺纹的精度合格。

　　测量时应注意不要用力过大，更不允许用扳手强行拧紧，否则不仅测量不准确，更易引起量规的严重磨损，降低量规精度。

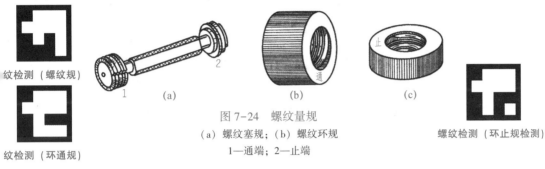

纹检测（螺纹规）

纹检测（环通规）

图 7-24　螺纹量规

（a）螺纹塞规；（b）螺纹环规
1—通端；2—止端

螺纹检测（环止规检测）

3. 先进测量方式

　　在现今科技发展的形势下，螺纹的先进测量方式有螺纹工件影像测量法和触针扫描式测量法两种方式。

　　螺纹工件影像测量法常用仪器为闪测仪，它是采用图像识别测量螺纹工件参数，如图 7-25 所示，它可以一键实现外螺纹批量测量，轻松获得螺纹的大径、中径、小径、牙型角、螺距等参数，效率很高，非常适合大批量生产检测。

图 7-25　闪测仪

　　螺纹触针扫描式测量法常用仪器为高精度智能轮廓粗糙度测量仪，它可以通过触针在螺纹轴向剖面的上、下轮廓表面连续扫描测量，再根据所得到的轮廓信息计算螺纹的大径、中径、小径、螺距、牙型半角、锥度等参数，如图 7-26 所示。它对内外螺纹尺寸均可测量，不仅能测量常见的圆柱螺纹、圆锥螺纹，还能测量梯形螺纹、锯齿螺纹等，也能测量多头螺纹参数，在长行程丝杆方面也能轻松实现测量，测量精度非常高。

图 7-26　高精度智能轮廓粗糙度测量仪

六、螺纹工件质量分析

车三角螺纹时，产生废品的原因及预防方法见表 7-4。

表 7-4　产生废品的原因及预防方法

废品种类	产生原因	预防方法
中径不正确	1. 车刀切削深度不正确，以顶径为基准控制切削深度； 2. 刻度盘使用不当	1. 经常测量中径尺寸，应考虑顶径的影响，调整切削深度； 2. 正确使用刻度盘
螺距不正确	1. 进给箱、溜板箱有关手柄位置扳错； 2. 局部螺距不正确；开合螺母间隙大； 3. 车削过程中开合螺母自动抬起	1. 在工件上先行车出一条很浅的螺旋线，测量螺距是否正确； 2. 调整好主轴和丝杠的轴向窜动量及开合螺母间隙，使床鞍均匀运动； 3. 调整开合螺母镶条，适当减小间隙，或用重物挂在开合螺母手柄上防止中途抬起
牙型不正确	1. 车刀刀尖刃磨不正确； 2. 车刀安装不正确； 3. 车刀磨损	1. 正确刃磨和测量车刀刀尖角度； 2. 装刀时用样板装刀； 3. 合理选用切削用量，及时修磨车刀
表面粗糙度值大	1. 刀尖产生积屑瘤； 2. 刀柄刚性不够，切削时产生振动； 3. 工件刚性差，而切削用量过大； 4. 车刀表面粗糙	1. 用高速钢车刀切削时应降低切削速度，并正确选择切削液； 2. 增加刀柄截面，并减小刀柄伸出长度； 3. 选择合理的切削用量； 4. 及时刃磨车刀，并用油石修磨
乱扣	丝杠转一圈，而工件没有转够整数圈	1. 当第一次行程结束后，不提起开合螺母，将车刀退出后，开倒车使车刀沿纵向退出，再进行第二次行程车削，如此反复直至将螺纹车好； 2. 当进刀纵向行程完成后，提起开合螺母脱离传动链退回，刀尖位置产生位移，应重新对刀

工作单

任　务 名　称	具体操作内容			
工量具 准　备	螺纹车刀、45°车刀、90°车刀、切断刀、游标卡尺、螺纹环规	签 名	本人	
			组员	
刃磨三角形 螺纹刀	1. 按要求刃磨一把高速钢螺纹刀； 2. 按要求刃磨一把硬质合金螺纹刀	签 名	本人	
			组员	
螺纹试切削	1. 调整主轴转速为 150 r/min，检查丝杠和开合螺母的工作情况是否正常，有跳动和跳闸现象，必须消除； 2. 空刀练习车削螺纹的动作直至动作协调、准确无误为止； 3. 用废旧材料练习切削 M20×2 螺纹	签 名	本人	
			组员	
加工工艺 路线	1. 应用切削用量相关知识对图 7-8 图样进行加工工艺路线编制； 2. 要求规范合理 加工工艺路线：	签 名	本人	
			组员	
车削螺纹 短轴	1. 工件装夹牢固； 2. 按照工艺路线要求进行车削； 3. 安全文明生产	签 名	本人	
			组员	
小 结				

参考工艺步骤

××职业中专学校	机械加工工序卡片	工件型号	零(部)件图号		共2页
		工件名称 01号	零(部)件名称 螺纹短轴	工序名称	第1页 材料牌号 45钢
			车间 车工室	工序号 01	每台件数 1
			毛坯种类 圆钢	毛坯外形尺寸 毛坯 φ35 mm×65 mm	同时加工工件数 1
			设备名称 普通车床	设备型号 CDS6132	设备编号
			夹具编号 1		夹具名称 三爪卡盘 切削液
			工位器具编号		工位器具名称
					工序工时 准终 / 单件

工步号	工步内容	工艺装备	主轴转速/(r·min⁻¹)	切削速度/(m·min⁻¹)	进给量/(mm·r⁻¹)	切削深度/mm	进给次数	工步工时 机动	辅助
1	用三爪卡盘夹住毛坯外圆，露出长度不少于30 mm，用45°刀车削端面见光	游标卡尺（0~150 mm）	575						
2	用90°车刀粗、精车φ30 mm，φ24 mm两级台阶，保证两级台阶长度为25 mm，8 mm	游标卡尺（0~150 mm）	800	75	0.09	1			
3	用切断刀切槽5 mm×2 mm	游标卡尺（0~150 mm）	350						
4	用45°刀倒角C2，去毛刺	游标卡尺（0~150 mm）	575						

××职业中专学校	机械加工工序卡片	工件型号	02 号	零(部)件图号			共 2 页
		工件名称		零(部)件名称			第 2 页 材料牌号 45 钢

车间 车工室	工序号 02	工序名称 螺纹短轴	材料牌号 45 钢
毛坯种类 圆钢	毛坯外形尺寸 工序 1 成品		每台件数 1
设备名称 普通车床	设备型号 CDS6132	设备编号	同时加工件数 1
夹具编号 1	夹具名称 三爪卡盘		切削液
工位器具编号	工位器具名称		工时 准终 / 单件

工步号	工步内容	工艺装备	主轴转速 / (r·min⁻¹)	切削速度 / (m·min⁻¹)	进给量 / (mm·r⁻¹)	切削深度 / mm	进给次数	工步工时 机动 / 辅助
1	掉头垫铜皮,夹 φ24 mm 外圆,用 45° 刀车削端面,保证总长	游标卡尺(0~150 mm)	575					
2	用 90° 车刀粗、精车 φ20 mm 外圆,保证台阶长度为 30 mm	游标卡尺(0~150 mm)	800	75	0.09	1	1	
3	用切断刀切槽 5 mm×2 mm	游标卡尺(0~150 mm)	350					
4	用 45° 刀倒角 C2,去毛刺	游标卡尺(0~150 mm)	575					
5	用螺纹刀车削 M20×2 螺纹	游标卡尺、螺纹环规	375					

评分标准

班级：_____　　　姓名：_____　　　总分：_____

考检内容		评　分　标　准	配分	自评扣分	互评扣分	自评得分	互评得分
安全意识		严格按照安全操作规程，如有出错酌情扣分	10				
"7S" 要求		整理、整顿、清扫、清洁、素养、节约、安全	10				
长度尺寸	5×2	超出尺寸很多不给分	5				
	5±0.02	每车大（车小）1 丝扣 1 分	10				
	5×2	超出尺寸很多不得分	5				
	25	超出尺寸很多不得分	5				
	60±0.05	每车大（车小）1 丝扣 1 分	10				
	C2	倒角不正确不给分	5				
直径尺寸	$\phi24_{-0.04}^{0}$	每车大（车小）1 丝扣 1 分	10				
	$\phi30_{-0.04}^{0}$	每车大（车小）1 丝扣 1 分	10				
	M20×2	螺纹不正确不给分	15				
表面质量		表面质量没达到 $Ra3.2\ \mu m$ 不给分	5				

课后反馈

一、工艺分析题

分析如图 7-27 所示螺纹部分车削工艺。

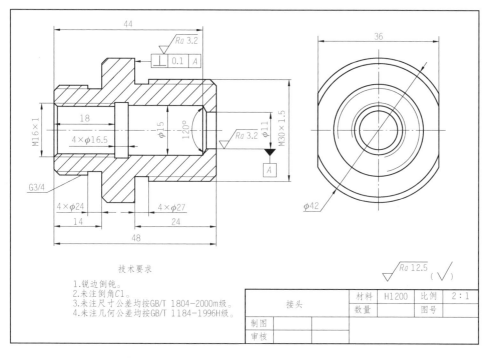

图 7-27　接头（选自"1+X"机械工程制图职业技能等级考试题库）

二、理论题

（1）螺纹车刀有什么要求？

（2）螺纹车刀按材料可分为哪两类？

（3）刃磨三角形螺纹车刀的步骤有哪些？

（4）常见内螺纹工件形状有几种？

（5）需在铸铁工件上车削 M20×2 的内螺纹，试求车削螺纹之前孔径应车成多少？

（6）车削三角螺纹的方法是什么？

（7）车削螺纹时，中途对刀的方法是什么？

（8）套螺纹的加工方法是什么？

（9）攻螺纹的加工方法是什么？

（10）在实际生产中，普通螺纹的测量都是使用什么工具？

三、实训报告

完成本任务实训报告。

任务三　车削梯形螺纹

任务书

任务目标	1. 学会梯形螺纹的尺寸计算； 2. 学会刃磨梯形螺纹车刀； 3. 掌握车削梯形螺纹的方法
任务 图样 （图7-28）	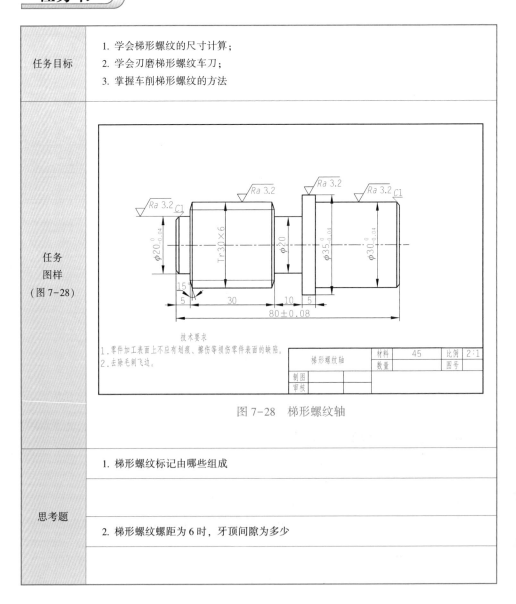 图 7-28　梯形螺纹轴
思考题	1. 梯形螺纹标记由哪些组成
	2. 梯形螺纹螺距为6时，牙顶间隙为多少

学习指导

一、梯形螺纹的基本知识

1. 梯形螺纹的作用及种类

梯形螺纹是常用的传动螺纹，精度要求比较高，如车床的丝杠和中、小滑板的丝杆等。梯形螺纹有两种，国家标准规定梯形螺纹牙型角为30°。英制梯形螺纹的牙型角为29°，在我国较少采用。

2. 梯形螺纹的标记

梯形螺纹的标记由螺纹代号、公差带代号及旋合长度代号组成。

梯形螺纹
标记示例

梯形螺纹代号用字母 Tr 及公称直径×螺距与旋向表示，左旋螺纹旋向为 LH，右旋不标。

梯形螺纹公差带代号仅标注中径公差带，如 7H、7e，大写为内螺纹，小写为外螺纹。

梯形螺纹的旋合长度代号分 N、L 两组，N 表示中等旋合长度，L 表示长旋合长度。当旋合长度为 N 时可以不标注。

标记示例：Tr22×5—7H

表示公称直径为 22 mm、螺距为 5 mm、中等旋合长度的梯形螺纹，其中径公差带代号为 7H。

3. 梯形螺纹的尺寸计算

梯形螺纹的牙型如图 7-29 所示，尺寸计算公式见表 7-5。

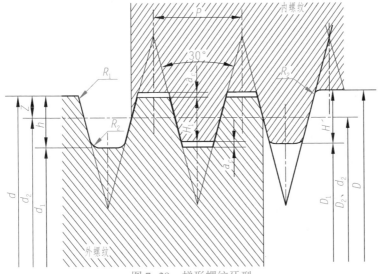

图 7-29　梯形螺纹牙型

表 7-5　梯形螺纹各部分尺寸计算公式

名称		代号	计算公式			
牙型角		α	$\alpha = 30°$			
螺距		P	由螺纹标准确定			
牙顶间隙		a_c	P	$1.5 \sim 5$	$6 \sim 12$	$14 \sim 44$
			a_c	0.25	0.5	1
外螺纹	大径	d	公称直径			
	中径	d_2	$d_2 = d - 0.5P$			
	小径	d_1	$d_1 = d - 2h$			
	牙高	h	$h = 0.5P + a_c$			
内螺纹	大径	D	$D = d + 2a_c$			
	中径	D_2	$D_2 = d_2$			
	小径	D_1	$D_1 = d - P$			
	牙高	H'	$H' = h$			
牙顶宽		f、f'	$f = f' = 0.366P$			
牙槽底宽		W、W'	$W = W' = 0.366P - 0.536a_c$			

【例 7-2】车削 Tr30×6 的丝杠和螺母，试计算丝杠和螺母的各部分尺寸。

解　根据表 7-5 中的计算公式得：

$$d = 公称直径 = 30 \ （mm）$$

$$d_2 = d - 0.5P = 30 - 0.5 \times 6 = 27 \ （mm）$$

$$h = 0.5P + a_c = 0.5 \times 6 + 0.5 = 3.5 \ （mm）$$

$$d_1 = d - 2h = 30 - 2 \times 3.5 = 23 \ （mm）$$

$$D = d + 2a_c = 30 + 2 \times 0.5 = 31 \ （mm）$$

$$D_1 = d - P = 30 - 6 = 24 \ （mm）$$

$$D_2 = d_2 = 27 \ mm$$

$$H' = h = 3.5 \ mm$$

$$f = f' = 0.366P = 0.366 \times 6 = 2.196 \ （mm）$$

$$W = W' = 0.366P - 0.536a_c = 0.366 \times 6 - 0.536 \times 0.5 = 1.928 \ （mm）$$

二、梯形螺纹车刀

梯形螺纹车
刀的刃磨

梯形螺纹一般采用低速车削，使用高速钢车刀。高速切削时采用硬质合金车刀。

1. 梯形螺纹车刀及几何角度（图7-30、图7-31）

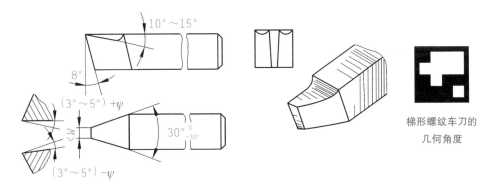

梯形螺纹车刀的
几何角度

图7-30　高速钢梯形螺纹粗车刀

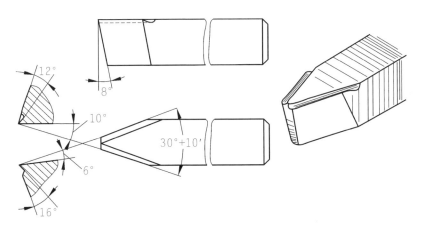

图7-31　高速钢梯形螺纹精车刀

2. 高速钢梯形螺纹车刀刃磨要求

梯形螺纹车刀的刃磨步骤和三角形螺纹车刀的刃磨步骤相似，只是要刃磨出纵向后角，并保证车刀刃口平直、光滑，两侧刀刃必须对称。其他刃磨要求如下：

（1）刀尖角。粗车刀刀尖角小于螺纹牙型角，精车刀刀尖角应等于螺纹牙型角。

（2）刀头宽度。为了便于左右切削并留有精车余量，刀头宽度应小于牙槽底宽 W。粗车刀的刀头宽度约为 1/3 螺距宽，精车刀的刀头宽度应等于牙底槽宽。

（3）纵向前角。粗车刀一般为15°左右。精车刀为了保证牙型正确，前角应等于0°，但实际生产时取5°~10°。

（4）纵向后角。一般为6°~8°。

（5）两侧刃磨后角。与三角形螺纹车刀相同。

（6）卷屑槽。精车刀可以磨出卷屑槽，如图7-31所示。

（7）用油石研磨，研去刀刃上的毛刺。

车削梯形螺纹

三、车削梯形螺纹

梯形螺纹的车削方法有低速车削和高速车削两种。对于精度要求高的梯形螺纹应采用低速车削的方法。

一般梯形螺纹在低速车削时的进刀方法有左右切削法、车直槽法、车阶梯槽法，如图7-32所示。

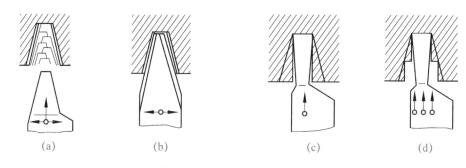

   （a）   （b）   （c）   （d）

图7-32　梯形螺纹的进刀方法

（a）左右切削法；（b）左右切削法精车；（c）车直槽法；（d）车阶梯槽

（1）螺距小于4 mm和精度要求不高的工件，可用一把梯形螺纹车刀，采用直进法并用少量的左右切削法车削成形。

（2）螺距大于4 mm和精度要求高的梯形螺纹，一般采用车直槽法，分刀车削，先用车槽刀车出螺旋槽，再用梯形螺纹车刀进行车削。具体做法如下：

①车梯形螺纹时，螺纹顶径留0.3 mm左右余量，且倒角与端面成15°。

②选用刀头宽度稍小于槽底宽的车槽刀，粗车螺纹（每边留0.25~0.35 mm的余量）。

③用梯形螺纹车刀采用左右切削法车削梯形螺纹牙型两侧面，每边留0.1~0.2 mm的精车余量，并车准螺纹小径尺寸。

④精车大径至图样要求。

⑤选用梯形螺纹精车刀，采用左右切削法完成螺纹加工。

梯形螺纹在车削时和三角形螺纹车削一样，都可以采用提开合螺母法和开倒顺车法车削，但是注意不要发生乱扣现象。

工作单

任 务 名 称	具体操作内容			
工量具 准 备	梯形螺纹车刀、45°车刀、90°车刀、螺纹环规、游标卡尺	签 名	本人	
			组员	
刃磨梯形 螺纹刀	按要求刃磨一把高速钢梯形螺纹刀	签 名	本人	
			组员	
螺纹试切削	1. 调整主轴转速为45 r/min，检查丝杠和开合螺母的工作情况是否正常，有跳动和跳闸现象，必须消除； 2. 空刀练习车削螺纹的动作直至动作协调、准确无误为止； 3. 用废旧材料练习TR30×6螺纹	签 名	本人	
			组员	
加工工艺 路线	1. 应用切削用量相关知识对图7-28所示图样进行加工工艺路线编制； 2. 要求规范合理 加工工艺路线：	签 名	本人	
			组员	
车削梯形螺纹轴	1. 工件装夹牢固； 2. 按照工艺路线要求进行车削； 3. 安全文明生产	签 名	本人	
			组员	
小 结				

参考工艺步骤

××职业中专学校　机械加工工序卡片

零(部)件图号	零(部)件名称	工件型号	工件名称	共 2 页
	梯形螺纹轴	01 号		第 1 页

工序号	工序名称	材料牌号
01		45 钢

车间	毛坯种类	毛坯外形尺寸	设备名称	设备型号	设备编号	每台件数
车工室	圆钢	毛坯 φ40 mm×85 mm	普通车床	CDS6132		

夹具编号	夹具名称	工位器具编号	工位器具名称	切削液	同时加工工件数
1	三爪卡盘				1

	工时	准终	单件

工步号	工步内容	工艺装备	主轴转速/(r·min⁻¹)	切削速度/(m·min⁻¹)	进给量/(mm·r⁻¹)	切削深度/mm	进给次数	工步工时 机动	工步工时 辅助
1	用三爪卡盘夹住毛坯外圆，露出长度不少于 38 mm，用 45°车刀车削端面见光	游标卡尺（0~150 mm）	575						
2	用 90°车刀粗、精车 φ30 mm、φ35 mm 两级台阶，保证两级台阶长度为 30 mm，8 mm	游标卡尺（0~150 mm）	800	75	0.09	1	1		
3	用 45°刀倒角 C1，去毛刺	游标卡尺（0~150 mm）	575						

φ30
φ35
30
8

续表　共2页　第2页

××职业中专学校	机械加工工序卡片	工件型号 工件名称	零(部)件图号 零(部)件名称	02号		材料牌号 45钢

工序名称	工序号				每台件数 1
梯形螺纹轴	02				同时加工件数 1
车间 车工室	毛坯种类 圆钢	毛坯外形尺寸	工序1成品		
设备名称 普通车床	设备型号 CDS6132	设备编号	夹具编号 1	夹具名称 三爪卡盘	切削液
		工位器具编号	工位器具名称	工序工时 准终／单件	工步工时 机动／辅助

Tr30×6　φ20　φ20　5　30　5　10　5

工步号	工步内容	工艺装备	主轴转速／(r·min⁻¹)	切削速度／(m·min⁻¹)	进给量／(mm·r⁻¹)	切削深度／mm	进给次数	机动	辅助
1	调头垫铜皮夹 φ30 mm 外圆，用 45°刀车削端面见光，保证总长	游标卡尺（0~150 mm）	575						
2	用 90°车刀粗、精车 φ30 mm、φ20 mm 两级台阶，保证两级台阶长度为 40 mm，5 mm	游标卡尺（0~150 mm）	800	75	0.09	1	1		
3	用切断刀车槽 φ20 mm×10 mm	游标卡尺（0~150 mm）	350						
4	用梯形螺纹刀倒角 15°，车削 Tr30×6	螺纹环规	45	4		0.2			
5	用 45°刀倒角 C1，去毛刺	游标卡尺（0~150 mm）	575						

评分标准

班级：＿＿＿＿＿＿　　　姓名：＿＿＿＿＿＿　　　总分：＿＿＿＿＿＿

考检内容		评　分　标　准	配分	自评扣分	互评扣分	自评得分	互评得分
安全意识		严格按照安全操作规程，如有出错酌情扣分	5				
"7S" 要求		整理、整顿、清扫、清洁、素养、节约、安全	5				
长度尺寸	5	超出尺寸很多不给分	5				
	30	每车大（车小）1 丝扣 1 分	10				
	10	超出尺寸很多不得分	5				
	5	超出尺寸很多不得分	5				
	80 ± 0.08	每车大（车小）1 丝扣 1 分	10				
	$C1$，毛刺	倒角不正确不给分	5				
直径尺寸	$\phi20_{-0.04}^{\ 0}$	每车大（车小）1 丝扣 1 分	10				
	$\phi30_{-0.04}^{\ 0}$	每车大（车小）1 丝扣 1 分	10				
	$\phi35_{-0.04}^{\ 0}$	每车大（车小）1 丝扣 1 分	10				
	$\phi20$	超出尺寸很多不得分	5				
	$Tr30\times6$	螺纹不正确不给分	10				
表面质量		表面质量没达到 $Ra3.2\ \mu m$ 不给分	5				

课后反馈

一、工艺分析题

分析如图 7-33 所示零件车削工艺。

二、理论题

（1）梯形螺纹的牙型角是多少度？

（2）Tr28×3—7H 表示什么意思？

（3）车削 Tr24×5 的丝杠和螺母，试计算丝杠和螺母的各部分尺寸。

（4）一般梯形螺纹在低速车削时的进刀方法有哪些？

（5）梯形螺纹车刀的刃口有什么要求？

（6）梯形螺纹的车削方法有哪两种？

三、实训报告

完成本项目实训报告。

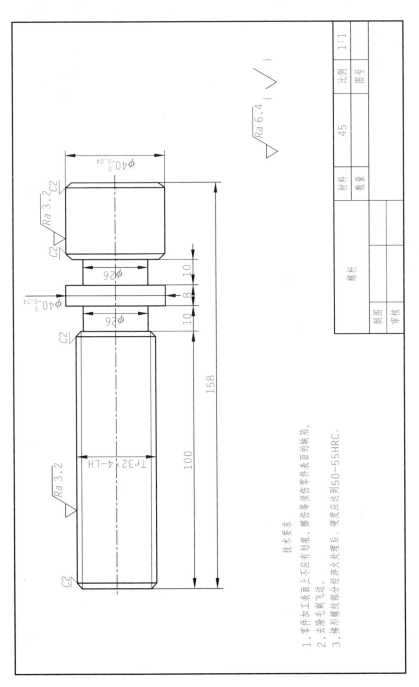

技术要求

1.零件加工表面上不应有划痕、擦伤等损伤零件表面的缺陷。

2.去除毛刺飞边。

3.梯形螺纹部分经淬火处理后，硬度应达到50~55HRC。

图 7-33　螺杆

在机械系统中，我们通常会遇见一些比较复杂的工件，比如曲轴、双孔连杆、轴承座等，还有一些看起来简单但是需要很多工装设备才能加工的工件，比如细长轴和薄壁件等。本项目我们将对常见的较复杂工件进行车削。

蒋楠：从数控小学生到大学生　只因热爱，所以坚持

任务一　车削偏心工件

任务书

任务目标	1. 了解偏心工件的基本术语； 2. 了解车削偏心工件的方法； 3. 掌握用三爪卡盘车削偏心工件的方法
任务 图样 （图8-1）	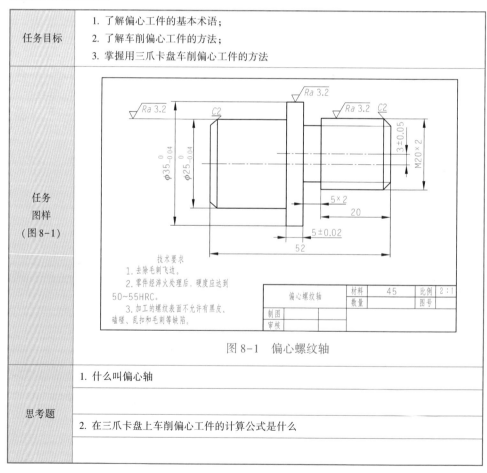 图 8-1　偏心螺纹轴
思考题	1. 什么叫偏心轴
	2. 在三爪卡盘上车削偏心工件的计算公式是什么

学习指导

一、偏心工件的术语

在机械传动中，把回转运动变为直线运动或把直线运动变为回转运动，一般都采用偏心工件来完成。例如，汽车的曲轴回转运动就是由活塞的往复直线运动带动的。

1. 偏心工件

外圆和外圆或内孔和外圆的轴线平行而不重合（偏一个距离）的零件，叫作偏心工件。

2. 偏心轴

外圆与外圆偏心的零件叫作偏心轴，如图8-2（a）、图8-2（b）所示。

3. 偏心套

内孔与外圆偏心的零件叫作偏心套，如图8-2（c）所示。

4. 偏心距

两轴线之间的距离叫作偏心距，如图8-2中的 e。

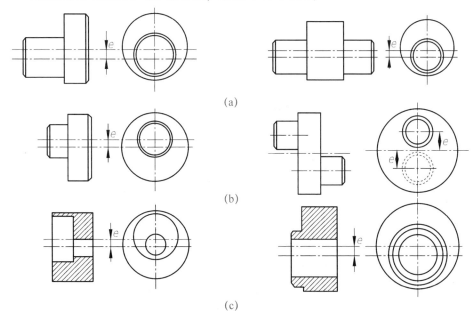

(a)

(b)

(c)

图8-2　偏心工件

（a）、（b）偏心轴；（c）偏心套

二、车削偏心工件的方法

车削偏心工件的原理就是装夹时把偏心部分的轴线调整到和主轴轴线重合的位置上。

1. 在三爪卡盘上车削

长度较短、偏心距较小、精度要求不高的偏心工件，可以在三爪卡盘上车削。具体操作是在一个卡爪上垫上垫片，使工件产生偏心从而车削出偏心工件，如图 8-3 所示。

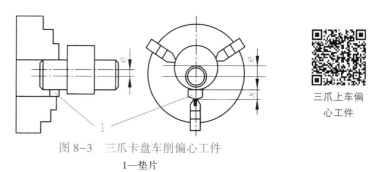

三爪上车偏心工件

图 8-3 三爪卡盘车削偏心工件
1—垫片

（1）垫片厚度计算公式

$$x = 1.5e + k \tag{8-1}$$

式中　e——工件偏心距，mm；

　　　k——修正值（由试车后求得，即 $k \approx 1.5\Delta e$），mm；

　　　Δe——试车后实测偏心距与要求偏心距的误差（即 $\Delta e = e - e_{测}$），mm；

　　　$e_{测}$——实测偏心距，mm。

【例 8-1】 车削偏心距为 3 mm 的工件，若用试选垫片厚度车削后，实测偏心距为 3.12 mm，求垫片厚度的正确值。

解　试选垫片厚度为

$$x_{试} = 1.5e = (1.5 \times 3) \text{ mm} = 4.5 \text{ mm}$$
$$\Delta e = (3 - 3.12) \text{ mm} = -0.12 \text{ mm}$$
$$k = 1.5\Delta e = 1.5 \times (-0.12) \text{ mm} = -0.18 \text{ mm}$$

根据式（8-1）得：

$$x = 1.5e + k = (4.5 - 0.18) \text{ mm} = 4.32 \text{ mm}$$

垫片厚度的正确值应为 4.32 mm。

（2）工件的装夹和车削方法。

①把垫片垫在工件与卡盘任意一卡爪接触面之间夹紧。

②用划线盘或百分表校正工件水平和垂直方向位置，如图 8-4 所示。

③首件加工进行试车、检验，计算出修正后的垫片厚度再正式车削，车削方法同外圆和内孔一样。

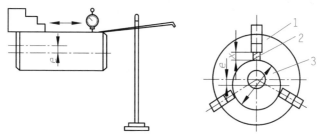

图 8-4　找正工件水平和垂直方向位置

1—三爪自定心卡盘；2—垫片；3—工件

2. 在四爪单动卡盘上车削

数量少、长度短，形状比较复杂的偏心工件，可在四爪单动卡盘上车削。

在四爪单动卡盘上车削偏心工件，应先在工件上划线，其划线步骤是：

（1）在工件上涂上蓝油，待蓝油干后把工件放在 V 形架上。

（2）用高度游标卡尺对准工件外圆最高位置，再把高度尺下移一个工件半径尺寸，并在工件两端及两侧划出封闭线，如图 8-5（a）所示。然后将工件旋转 180° 再划线，若和第一次线重合，说明划线正好过工件轴线位置；若不重合，应调整高度尺重划。

（3）把工件旋转 90°，在工件外圆、两侧划线，端面划十字交叉线，并用角度尺检验 90° 正确与否，如图 8-5（b）所示。

（4）把高度尺向上（或向下）移动一个偏心距，在两端和两侧划出封闭线，端面十字交叉点为偏心部分的轴心。

（5）以偏心部分的轴心为圆心划圆，并在所有划出的线上打样冲眼，防止划线被擦掉而找不到基准。

划线完成后应进行找正，找正的方法是先根据工件端面上划出的偏心部分的圆周线找正，然后再看侧母线是否和主轴轴线平行。两项都合格说明偏心部分的轴线和主轴轴线同轴。

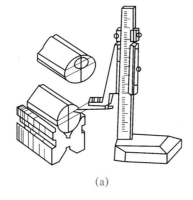

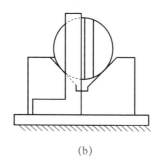

在单动卡盘上车削偏心工件

（a）　　　　　　　　　（b）

图 8-5　偏心工件划线方法

（a）用高度游标卡尺划线；（b）检验 90° 方法

检测完毕后将 4 个卡爪均匀夹紧，经检查没有位移，即可车削。

3. 用两顶尖车削偏心工件

用两顶尖车削适用于加工较长的偏心工件。加工前在工件两端先画出中心点的中心孔和偏心点的中心孔并加工出中心孔，然后前后顶住即可车削，如图 8-6 所示。

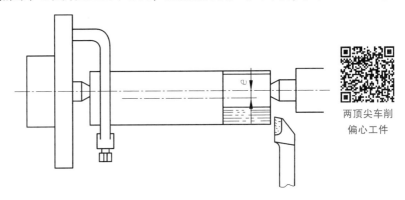

两顶尖车削
偏心工件

图 8-6　在两顶尖间车偏心工件

4. 在偏心卡盘上车削偏心工件

偏心卡盘（图 8-7）分两层，底盘安装在主轴上，卡盘用来装夹工件，卡盘和盘体之间有燕尾槽，于是卡盘对主轴的偏心距可任意调整。因此，偏心卡盘适用于加工短轴、盘、套类等较精密的偏心工件。

5. 操作注意事项

（1）工件装夹偏心后需校正侧素线，使偏心轴线与基准轴线平行。

（2）工件装夹偏心后两边切削量相差较多，开车前车刀不能靠近工件，以免工件撞坏车刀，切削用量不宜过大，以免工件移位发生事故。

（3）开始车削偏心时，进给量和切削深度要小，等工件车圆后切削用量可以增加。

（4）垫片材料应有一定硬度，防止夹紧时变形。垫片与卡爪接触的一面应做成圆弧形，垫片长度不小于 20 mm，以保证装夹牢固。

（5）三爪卡盘卡爪表面应平整，不能呈"喇叭口"形，以防工件装夹不牢车削时飞出伤人。

（6）首件加工完毕，应对安装垫片的卡爪做记号。再进行加工时，垫片装在卡爪同一位置，防止垫片与卡爪接触不一致使偏心距产生误差。

三、偏心工件的检测方法

1. 用游标卡尺测量

用游标卡尺测量最简单的测量方法，适用于精度要求不高的偏心轴。测量时，用游标卡尺量出偏心部分外圆与夹持部分外圆的最大垂直距离和最小垂直距离，二者差的一半就是偏心距的尺寸，如图8-8所示。

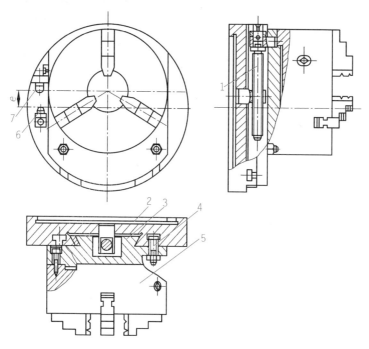

图8-7　偏心卡盘

1—丝杠；2—底盘；3—偏心体；4—螺钉；5—三爪自动心卡盘；6，7—测量头

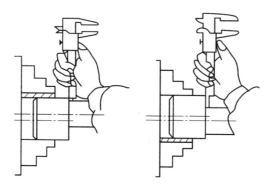

图8-8　游标卡尺测量偏心距

2. 用两顶尖和百分表检测

适用于两端有中心孔、偏心距较小的偏心轴测量。测量时，百分表的触头与偏心部分的外圆接触，用手转动偏心轴，百分表读数最大值和最小值差的一半就是偏心距的实际尺寸，如图8-9所示。偏心套的偏心距也可用这种方法测量，但需将偏心套装在心轴上才能测量。

3. 用间接测量法

偏心距较大的工件，因受百分表量程的限制，无法直接测出偏心距的尺寸，应采用间接测量的方法，如图 8-10 所示。测量时把 V 形架放在平板上，工件放在 V 形架中，用百分表找出偏心轴的最高点，最后把工件固定。然后将百分表平行移动，测出偏心轴外圆和基准轴外圆间的距离 a，再用下列公式计算出偏心距：

$$e = \frac{D}{2} - \frac{d}{2} - a \qquad (8-2)$$

式中　e——偏心距，mm；

D——基准轴直径，mm；

d——偏心轴直径，mm；

a——基准轴外圆和偏心轴外圆间最小距离，mm。

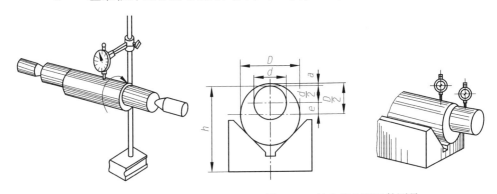

图 8-9　用百分表测量偏心距　　　　图 8-10　较大偏心距工件测量

四、偏心轴工件的质量分析

车削偏心轴产生废品的种类、原因及预防措施见表 8-1。

表 8-1　车削偏心工件时产生废品的种类、原因及预防措施

废品种类	产 生 原 因	预 防 措 施
尺寸精度 达不到要求	1. 操作粗心大意，看错图纸； 2. 量具有误差	1. 操作前认真阅读图纸； 2. 千分尺的零位要校正
表面粗糙度 达不到要求	1. 切削用量选择不当； 2. 车刀磨损； 3. 拖板或主轴间隙过大引起振动	1. 正确选择切削用量； 2. 重新刃磨车刀； 3. 调整拖板或主轴间隙
偏心距 达不到要求	1. 偏心垫块尺寸误差； 2. 零件未夹紧，车削时造成松动	1. 计算修正垫片厚度； 2. 车削前夹紧工件
平行度 达不到要求	装夹工件时外圆侧素线没有校正平行	重新校正

工作单

任 务 名 称	具体操作内容			
工量具 准 备	梯形螺纹车刀、45°车刀、90°车刀、螺纹车刀、螺纹环规、游标卡尺、垫片	签 名	本人	
			组员	
偏心工件 试切削	1. 根据公式计算出所需垫片厚度; 2. 练习车削偏心为 3 mm 的工件,开始车削时,背吃刀量要小; 3. 根据实测的偏心距,调整垫片厚度	签 名	本人	
			组员	
加工工艺 路线	1. 应用切削用量相关知识对如图 8-1 所示图样进行加工工艺路线编制; 2. 要求规范合理 　加工工艺路线:	签 名	本人	
			组员	
车削偏心螺纹轴	1. 工件装夹牢固; 2. 按照工艺路线要求进行车削; 3. 安全文明生产	签 名	本人	
			组员	
小 结				

参考工艺步骤

××职业中专学校	机械加工工序卡片	工件型号		零(部)件图号	01号	零(部)件名称	偏心螺纹轴	共3页 第1页
		工件名称						材料牌号 45钢

车间	车工室	工序号	01	工序名称		每台件数	1
毛坯种类	圆钢	毛坯外形尺寸	毛坯 φ40 mm×55 mm			同时加工件数	1
设备名称	普通车床	设备型号	CDS6132	设备编号		切削液	
夹具编号	1	夹具名称	三爪卡盘				
工位器具编号		工位器具名称				工序工时 准终	
						单件	

工步号	工步内容	工艺装备	主轴转速/(r·min⁻¹)	切削速度/(m·min⁻¹)	进给量/(mm·r⁻¹)	切削深度/mm	进给次数	工步工时 机动	辅助
1	用三爪卡盘夹住毛坯外圆，露出长度不少于32 mm，用45°刀车削端面见光	游标卡尺（0~150 mm）	575						
2	用90°车刀粗、精车φ35 mm、φ25 mm两级台阶，保证两级台阶长度为22 mm，10 mm	游标卡尺（0~150 mm）	800	87	0.09	1			
3	倒角C2，去毛刺	游标卡尺（0~150 mm）	575						

××职业中专学校	机械加工工序卡片	工件型号		零(部)件图号			
		工件名称	02 号	零(部)件名称	梯形螺纹轴		
					工序号 01	工序名称	材料牌号 45 钢
							每台件数 1
		车间 车工室					同时加工件数 1
		毛坯种类 圆钢	毛坯外形尺寸 工序 1 成品				
		设备名称 普通车床	设备型号 CDS6132	设备编号			
		夹具编号 1		夹具名称 三爪卡盘			切削液
		工位器具编号	工位器具名称				
						工序工时 准终	
						工步工时 机动 / 辅助	

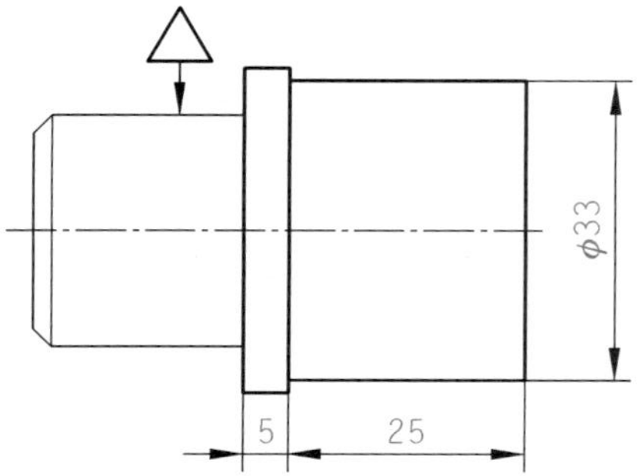

工步号	工步内容	工艺装备	主轴转速 / (r·min⁻¹)	切削速度 / (m·min⁻¹)	进给量 / (mm·r⁻¹)	切削深度 / mm	进给次数
1	调头夹 φ25 mm，用 45°刀车削端面，保证总长	游标卡尺（0~150 mm）	575				
2	用 90°车刀粗、精车 φ33 mm，保证 φ35 mm 段为 5 mm 台阶	游标卡尺（0~150 mm）	800	85	0.09	1	

（图示：φ33，25，5，φ35）

××职业中专学校	机械加工工序卡片	工件型号		零（部）件图号			共 3 页
		工件名称		零（部）件名称	02 号	梯形螺纹轴	第 3 页

车间	工序号	工序名称	材料牌号
车工室	01		45 钢

毛坯种类	毛坯外形尺寸		每台件数
圆钢		工序 1 成品	1

设备名称	设备型号	设备编号	同时加工件数
普通车床	CDS6132		1

夹具编号	夹具名称	切削液
1	三爪卡盘	

工位器具编号	工位器具名称	工序工时	
		准终	单件

工步号	工步内容	工艺装备	主轴转速 / ($r \cdot min^{-1}$)	切削速度 / ($m \cdot min^{-1}$)	进给量 / ($mm \cdot r^{-1}$)	切削深度 / mm	进给次数	工步工时 机动	工步工时 辅助
1	垫垫片夹 $\phi25$ mm，用 90°车刀粗、精车 $\phi20$ mm 台阶，保证尺寸为 25 mm	游标卡尺（0~150 mm）	800	50	0.09	1	1		
2	用切断刀车槽 5 mm×2 mm	游标卡尺（0~150 mm）	350						
3	用螺纹刀车 M20×2	游标卡尺、环规	350						
4	倒角、去毛刺	游标卡尺（0~150 mm）	575						

M20×2

5 × 2

20

5

课后反馈

一、工艺分析题

分析如图 8-11 所示零件加工工艺。

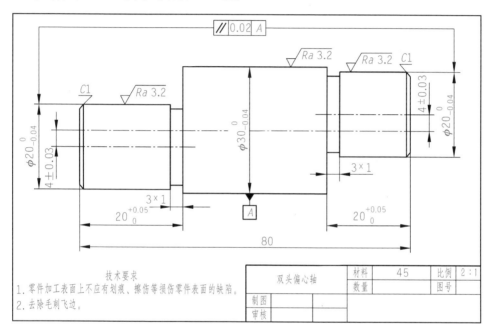

图 8-11　双头偏心轴

二、理论题

（1）车削偏心工件的方法有哪些？各适应什么样的工件？

（2）在三爪自定心卡盘上车削 $e=4$ mm 的工件，试用近似法计算垫片厚度 x。如果试切削后，实测偏心距为 3.98 mm，求垫片厚度的正确值。

（3）偏心工件的检测方法有哪些？

（4）检测一偏心工件发现其平行度不合格，原因是什么？怎样解决？

三、实训报告

完成本项目实训报告。

任务二　车削细长轴

任务书

任务 目标	1. 了解细长轴的特点； 2. 掌握车削细长轴的方法
任务 图样 （图8-12）	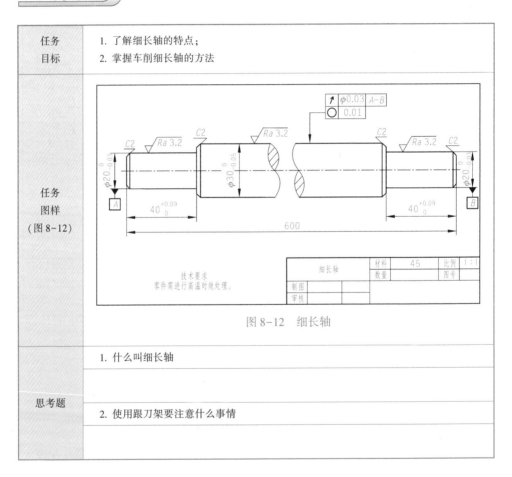 图8-12　细长轴
思考题	1. 什么叫细长轴
	2. 使用跟刀架要注意什么事情

学习指导

一、细长轴的特点

当工件长度跟直径之比大于 20~25 倍时，称为细长轴。由于细长轴本身刚性差，在车削过程中会出现以下问题：

（1）工件受切削力、自重和旋转时离心力的作用，会产生弯曲、振动，严重影响其圆柱度和表面粗糙度。

（2）在切削过程中，工件受热伸长产生弯曲变形，车削就很难进行，严重时会使工件在顶尖间卡住。

二、车细长轴的方法

车削细长轴

车细长轴主要是解决工件车削过程中的刚性及变形问题，所以关键就是合理使用中心架和跟刀架，解决工件热变形伸长以及合理选择车刀几何形状等。

1. 细长轴加工前的准备工作

1）机床调整

(1)用检验棒检验，调整尾座，使尾座顶尖中心与主轴中心同轴度误差小于 $0.02mm$。(2)调整车床各滑板调整小、中和大滑板的楔铁、镶条间隙，防止间隙过大造成车削扎刀，并能准确控制进刀量。

2）夹具的选择和调整

(1)正确选择跟刀架、对跟刀架支承爪进行修研，保证工件装夹有足够刚性和顺利的切削条件。跟刀架支承爪应耐磨性强，容易修整，不会磨伤工件表面。在切削中，时刻保持支承爪与工件表面接触状态良好，最好是全部弧形面接触，或中心线接触。支承爪应支于已加工表面，并以手感无振为宜，保证有充分的润滑油润滑。(2)选用弹力适中的活动弹性顶尖，应转动灵活，精度较高，承载能力大，当切削热迫使工件伸长时，其延伸长度可朝尾座方向作一定的轴向移动，以减少弯曲变形。(3)当工件被装夹部分较长的情况下，为了减小或消除过定位的危害，应在工件与卡盘的卡爪之间垫以钢丝环。

3）棒料校直

对于弯曲度较大的坯料，宜采用热校直。弯曲度在 $0.05mm/m$ 以下的可采用冷校直的方法。之后，可在平板上滚动检查弯曲度。

2. 双顶尖法装夹车削细长轴

采用双顶尖装夹，工件定位准确，容易保证同轴度。但用该方法装夹细长轴，其刚性较差，细长轴弯曲变形较大，而且容易产生振动。因此只适宜于长径比不大、加工余量较小、同轴度要求较高、多台阶轴类零件的加工。

3. 一夹一顶法装夹车削细长轴

采用一夹一顶的装夹方式。在该装夹

方式中，如果顶尖顶得太紧，除了可能将细长轴顶弯外，还可能阻碍车削时细长轴的受热伸长，导致细长轴受到轴向挤压而产生弯曲变形。另外卡爪夹紧面与顶尖孔可能不同轴，装夹后会产生过定位，也能导致细长轴产生弯曲变形。因此采用一夹一顶装夹方式时，顶尖应采用弹性活顶尖，使细长轴受热后可以自由伸长，减少其受热弯曲变形。

4. 使用中心架和跟刀架支承车细长轴

1）中心架的使用

车削长轴时，工件如果伸出夹具长度超过直径 15 倍，必须要用中心架、跟刀架装夹。中心架安装在床身导轨上。当中心架支承在工件中间时，工件长度相当于减少了一半，而工件的刚性却提高了好几倍，如图 8-13 所示。

在工件装上中心架之前，必须在毛坯中部车出一段支承中心架支承爪的沟槽，沟槽直径略大于工件的尺寸要求，沟槽的宽度大于支承爪的直径。车削时，中心架的支承爪与工件接触处应经常加润滑油。为了使支承爪与工件保持良好的接触，也可以在中心架支承爪与工件之间加一层砂布或研磨剂，进行研磨饱和。

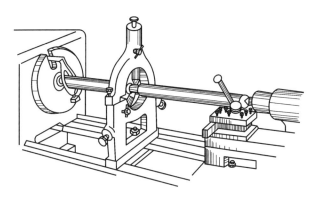

图 8-13 中心架的使用

对于工件中间不需要加工的细长轴，可采用辅助套筒的方法安装中心架，如图 8-14 所示。过渡套筒的两端各装有 4 个螺钉，用这些螺钉夹住毛坯工件，并调整套筒外圆的轴线与主轴旋转轴线相重合，即可车削。

2）跟刀架的使用

使用中心架能提高工件车削过程中的刚性，但由于工件分两段车削，因此，工件中间有接刀痕迹。对不允许有接刀痕迹的工件，应采用跟刀架。跟刀架固定在床鞍上，它跟随车刀移动，可以抵消径向切削力，从而提高工件在车削过程中的刚性，减少变形，进而提高细长轴的形状精度和减小表面粗糙度。跟刀架有两爪和三爪两种，如图 8-15 所示。车细长轴时，最好使用三爪跟刀架，因为采用三爪跟刀架可以使工件上下、前后都不能移动，车削时稳定，不

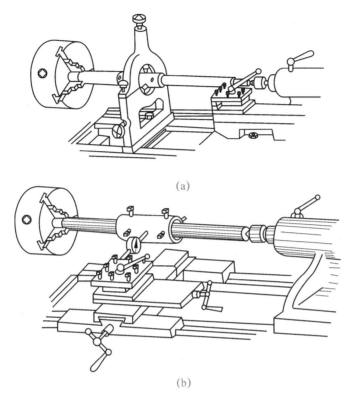

(a)

(b)

图 8-14　辅助套筒的调整

（a）辅助套筒的使用；（b）辅助套筒的调整

易产生振动。

使用跟刀架，一定要注意支承爪对工件的支承要松紧适当，若太松，则起不到提高刚性的作用；若太紧，则会影响工件的形状精度，车出的工件呈"竹节形"。车削过程中，要经常检查支承爪的松紧程度，并进行必要的调整。

5. 双刀切削法车细长轴

采用双刀车削细长轴需改装车床中溜板，增加后刀架，采用前后两把车刀同时进行车削。两把车刀，径向相对，前车刀正装，后车刀反装。两把车刀车削时产生的径向切削力相互抵消。工件受力变形和振动小，加工精度高，适用于批量生产。

6. 采用反向切削法车削细长轴

反向切削法是指在细长轴的车削过程中，车刀由主轴卡盘开始向尾架方向进给。这样在加工过程中产生的轴向切削力使细长轴受拉，消除了轴向切削力引起的弯曲变形。

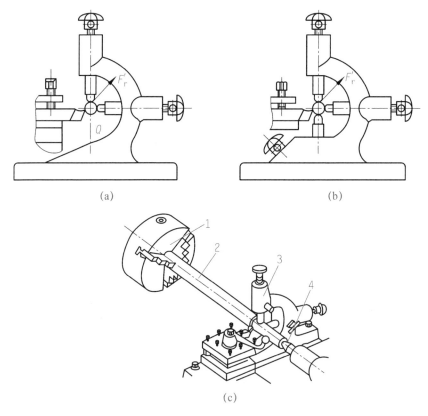

图 8-15 跟刀架及其使用

（a）两爪跟刀架；（b）三爪跟刀架；（c）跟刀架的使用

1—自定心卡盘；2—工件；3—跟刀架；4—顶尖

7. 减少工件的热变形伸长

车削时，由于切削热的影响，使工件随温度升高而逐渐伸长变形，这就叫"热变形"。在车削一般轴类时可不考虑热变形伸长问题，但是车削细长轴时，因为工件长，总伸长量长，所以一定要考虑到热变形的影响。工件热变形伸长量可按下式计算：

$$\Delta L = a \times L \times \Delta t \tag{8-3}$$

式中　ΔL——工件伸长量，mm；

　　　a——材料的线膨胀系数，1/℃；

　　　L——工件的总长度，mm

　　　Δt——工件升高的温度，℃。

常用材料的线膨胀系数，可查阅有关附录表。

【例 9-1】车削直径为 25 mm、长度为 1 200 mm 的细长轴，材料为 45 钢，车削时因受切削热的影响，使工件温度由原来的 21℃ 上升到 61℃，求这根细长轴的热变形伸长量。

解　已知 $L = 1\,200$ mm；查表知，45 钢的线膨胀系数 $a = 11.59 \times 9^{-6} 1/℃$

$$\Delta t = 61℃ - 21℃ = 40℃$$

根据式（8-3）得：

$$\Delta L = a \times L \times \Delta t = 11.59 \times 9^{-6} \times 1\,200 \times 40 = 0.556 \ (\text{mm})$$

从上式计算可知，细长轴热变形伸长量是很大的。由于工件一端夹住，一端顶住，工件无法伸长，因此，只能本身产生弯曲。细长轴一旦产生弯曲后，车削就很难进行。减少工件的热变形主要可采取以下措施：

（1）使用弹性回转顶尖。

用弹性回转顶尖（图 8-16）加工细长轴，若工件伸长时顶尖则自动后退，可有较地补偿工件的热变形伸长，工件不易弯曲，车削可顺利进行。

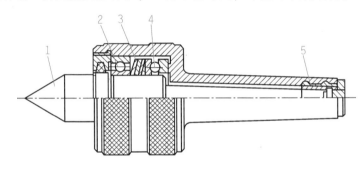

图 8-16　弹性活顶尖

1—顶尖；2—深沟球轴承；3—弹簧；4—推力球轴承；5—滚针轴承

（2）加注充分的切削液。

车削细长轴时，不论是低速切削还是高速切削，为了减少工件的升温而引起的热变形，必须加注切液充分冷却。使用切削液还可以防止跟刀架支承爪拉毛工件，以提高刀具的使用寿命和工件的加工质量。

（3）刀具保持锐利。

减少车刀与工件的摩擦发热。

8. 合理选择车刀几何形状

车削细长轴时，由于工件刚性差，车刀（图 8-17）的几何形状对工件的振动有明显的影响。选择时主要考虑以下几点：

（1）由于细长轴刚性差，为减少细长轴弯曲，要求径向切削力越小越好，而刀具的主偏角是影响径向切削力的主要因素，在不影响刀具强度的情况下，应尽量增大车刀主偏角。车刀的主偏角应在 $80° \sim 93°$ 的范围内选择。

（2）为保证车刀锋利，应该选择较大的前角，前角应在 $15° \sim 30°$ 的范围内选择。

（3）车刀前面应该磨有 $R1.5 \sim R3$ 的断屑槽，使切屑顺利卷曲折断。

（4）选择正刃倾角，取 $\lambda_s = 3°$，使切削屑流向待加工表面，并使卷屑效果良好。

（5）为了减小径向切削力，应选择较小的刀尖圆弧半径（$r_\varepsilon < 0.3$ mm）。倒棱的宽度也应选得较小，取倒棱宽 $b_{r1} = 0.5f$ 比较适宜。

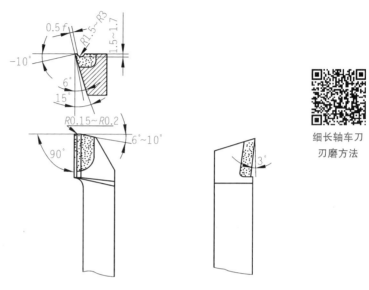

图 8-17　车削细长轴车刀

9. 合理地控制切削用量

切削用量选择是否合理，对车削细长轴也有很大影响。

1）切削深度

在工艺系统刚度确定的前提下，随着切削深度的增大，车削时产生的切削力、切削热随之增大，引起细长轴的受力、受热变形也增大。因此，在车削细长轴时，应尽量减小切削深度。

2）进给量

进给量增大会使切削厚度增加，切削力增大。但切削力不是按正比增大，因此，细长轴的受力变形系数有所下降。如果从提高切削效率的角度来看，增大进给量比增大切削深度有利。

3）切削速度

提高切削速度有利于减小切削力。这是因为，随着切削速度的增大，切削温度提高，刀具与工件之间的摩擦力减小，细长轴的受力变形减小。但切削速度过高容易使细长轴在离心力作用下出现弯曲，破坏切削过程的平稳性，所以，切削速度应控制在一定范围。对直径比较大的工件，切削速度要适当降低。

工作单

任 务 名 称	具体操作内容			
工量具 准　备	45°车刀、90°车刀、90°细长轴车刀、中心钻、钢卷尺、游标卡尺、弹性回转顶尖、跟刀架	签 名	本人	
			组员	
安装跟刀架	1. 在床鞍导轨面安装三爪跟刀架； 2. 调节支承爪，使工件与支承爪松紧适当	签 名	本人	
			组员	
加工工艺 路线	1. 应用切削用量相关知识对图 8-12 所示图样进行加工工艺路线编制； 2. 要求规范合理 加工工艺路线：	签 名	本人	
			组员	
车削细长轴	1. 工件装夹牢固； 2. 按照工艺路线要求进行车削； 3. 安全文明生产	签 名	本人	
			组员	
小 结				

参考工艺步骤

××职业中专学校	机械加工工序卡片	工件型号	01 号	零(部)件图号		共 4 页
		工件名称		零(部)件名称	细长轴	第 1 页

车间	车工室	工序号	01	工序名称		材料牌号	45 钢
毛坯种类	圆钢	毛坯外形尺寸	毛坯为 φ35 mm×605 mm			每台件数	1
设备名称	普通车床	设备型号	CDS6132	设备编号		同时加工件数	1
夹具编号	1	夹具名称	三爪卡盘			切削液	
工位器具编号		工位器具名称				工序工时	准终 / 单件

工步号	工步内容	工艺装备	主轴转速/ (r·min⁻¹)	切削速度/ (m·min⁻¹)	进给速度/ (mm·r⁻¹)	切削深度/ mm	进给次数	工步工时 机动	工步工时 辅助
1	用三爪自动心卡盘夹住毛坯外圆（伸出长度不少于 35 mm），用 45°端面车刀车端面见光	游标卡尺（0~150 mm）	575						
2	用 90°车刀粗车 φ22 mm×40 mm 工艺阶台至尺寸	游标卡尺（0~150 mm）	575	80	0.18	2	4		

续表

××职业中专学校	机械加工工序卡片	工件型号		零(部)件图号		工序名称		共4页
		工件名称	01号	零(部)件名称	细长轴			第2页

车间	车工室	工序号	02			材料牌号	45钢
毛坯种类	圆钢	毛坯外形尺寸	毛坯为工序01成品			每台件数	1
设备名称	普通车床	设备型号	CDS6132	设备编号		同时加工工件数	1
夹具编号	1	夹具名称	三爪卡盘			切削液	
工位器具编号		工位器具名称				工序工时	准终 / 单件

工步号	工步内容	工艺装备	主轴转速 / (r·min⁻¹)	切削速度 / (m·min⁻¹)	进给速度 / (mm·r⁻¹)	切削深度 / mm	进给次数	工步工时 机动 / 辅助
1	调头夹毛坯外圆(伸出长度不少于10 mm),用45°端面车刀车端面保证总长、钻中心孔	钢卷尺(3 m×13 mm)	575					

600

××职业中专学校	机械加工工序卡片	工件型号 工件名称	01号	零(部)件图号 零(部)件名称		材料牌号	45钢

	车间 车工室	工序号 03		工序名称		每台件数	1
	毛坯种类 圆钢	毛坯外形尺寸 毛坯为工序02成品				同时加工件数	1
	设备名称 普通车床	设备型号 CDS6132		设备编号		夹具名称 三爪卡盘	切削液
	夹具编号 1	工位器具编号		工位器具名称		工序工时 准终 / 单件	

细长轴

φ20 $^{\ 0}_{-0.03}$　φ30 $^{\ 0}_{-0.05}$　40 $^{+0.09}_{\ 0}$　565　C2

工步号	工步内容	工艺装备	主轴转速 / (r·min⁻¹)	切削速度 / (m·min⁻¹)	进给速度 / (mm·r⁻¹)	切削深度 / mm	进给次数	工步工时 机动	辅助
1	调头夹住 φ27 mm×30 mm 工艺阶台，采用一夹一顶装夹，用90°细长轴车刀粗车 φ30 mm×40 mm 跟刀架基圆	游标卡尺 (0~150 mm)，钢卷尺 (3 m×13 mm)	350	32	0.18	1.5	4		
2	使用跟刀架，用90°细长轴车刀精车 φ20 mm、φ30 mm 两级外圆至尺寸，并倒角	千分尺 (25~50 mm)，千分尺 (0~25 mm)	800	75	0.09	1			

备注： 为跟刀架符号， 为弹性回转顶尖符号。

· 190 ·

续表

××职业中专学校	机械加工工序卡片	工件型号		零（部）件图号	01号	共 4 页
		工件名称		零（部）件名称	细长轴	第 4 页

车间	车工室	工序号	04	工序名称		材料牌号	45 钢
毛坯种类	圆钢	毛坯外形尺寸	毛坯为工序 03 成品			每台件数	
设备名称	普通车床	设备型号	CDS6132	设备编号		同时加工件数	1
夹具编号	1	夹具名称	三爪卡盘			切削液	
工位器具编号		工位器具名称				工序工时	准终 / 单件

φ20 0 / −0.03　40 +0.2 / 0　C2

工步号	工步内容	工艺装备	主轴转速 / (r·min⁻¹)	切削速度 / (m·min⁻¹)	进给速度 / (mm·r⁻¹)	切削深度 / mm	进给次数	工步工时 机动	辅助
1	调头垫铜皮夹住 φ30 mm 外圆，用 90°车刀粗、精车 φ20 mm×40 mm 至尺寸，并倒角	千分尺（0~25 mm）	800	75	0.09	1	1		

评分标准

班级：_____　　姓名：_____　　总分：_____

考检内容		评　　分　　标　　准	配分	自评扣分	互评扣分	自评得分	互评得分
安全意识		严格按照安全操作规程，如有出错酌情扣分	10				
"7S" 要求		整理、整顿、清扫、清洁、素养、节约、安全	8				
长度尺寸	$40^{+0.09}_{0}$	每车大（车小）1 丝扣 1 分	10				
	$40^{+0.09}_{0}$	每车大（车小）1 丝扣 1 分	10				
	600	超出尺寸很多不得分	6				
	C2（4 处）	倒角不正确不给分	8				
直径尺寸	$\phi20^{0}_{-0.03}$	每车大（车小）1 丝扣 1 分	10				
	$\phi20^{0}_{-0.03}$	每车大（车小）1 丝扣 1 分	10				
	$\phi30^{0}_{-0.05}$	每车大（车小）1 丝扣 1 分	10				
表面质量		表面质量没达到 $Ra3.2\ \mu m$ 不给分	6				
圆度		圆度不符合要求不给分	6				
圆跳动		圆跳动不符合要求不给分	6				

课后反馈

一、工艺分析题

分析如图 8-18 所示零件加工工艺。

二、理论题

（1）车削细长轴的关键技术是什么？

（2）车细长轴时，车刀的主偏角有什么要求？

（3）减少与补偿工件热变形伸长的措施有哪些？

三、实训报告

完成本项目实训报告。

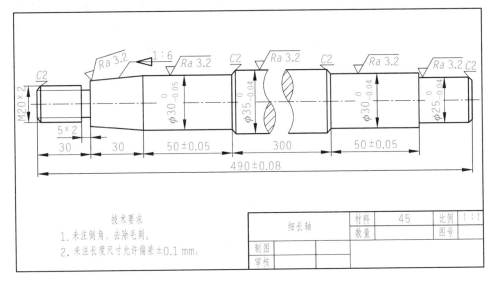

图 8-18　细长轴

项目九 车工技能考核模拟试题

根据国家最新规定，每一个中职生在毕业前都应取得相应工种的职业资格证书，而职业鉴定方式分为理论考试和技能操作考核两部分，理论考试采用笔试方式，技能操作考核采用现场操作方式进行。两项考试采用百分制，皆达60分以上为合格。本项目为中级车工技能操作的模拟考核试题。

任务一 中级车工技能考核模拟试题（一）

一、考件图样（图9-1）

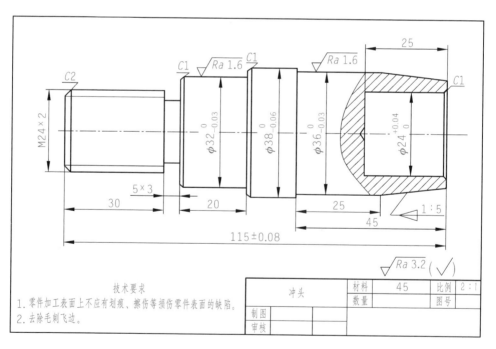

图9-1 冲头

二、考核评分表（表9-1）

表9-1　考核评分表

学校：＿＿＿＿＿＿＿＿　　姓名：＿＿＿＿＿＿＿　　准考证号：＿＿＿＿＿＿＿

职　业		普　通　车　工			总得分		
序号	考核项目	考核内容及要求	配分	评　分标　准	检测结果	扣分	得分
1	工具、设备使用与安全生产	（1）着装规范，未受伤； （2）刀具、工量具的放置； （3）工件装夹、刀具安装规范； （4）正确使用量具； （5）卫生、设备保养情况； （6）关机后机床停放位置合理	20	视情况扣1~20分，发生重大安全事故（人身和设备安全事故等）、严重违反工艺原则和情节严重的野蛮操作等，由监考人决定取消其考核资格			
2	车　削外　圆及端　面	$\phi32_{-0.03}^{0}$	7	超差不得分			
		$\phi38_{-0.06}^{0}$	6	超差不得分			
		20	3	超差不得分			
		$\phi36_{-0.03}^{0}$	5	超差不得分			
		25	4	超差不得分			
		45	3	超差不得分			
		115 ± 0.08	3	超差不得分			
		C1（2处）	2	倒角不正确不给分			
3	车　削内　孔	$\phi24_{0}^{+0.04}$	7	超差不得分			
		25	3	超差不得分			
		C1	1	倒角不正确不给分			
4	车　削三角形螺　纹	M24×2	12	不合格不给分			
		5×3（退刀槽）	3	超差不得分			
		30	3	超差不得分			
		C2	1	倒角不正确不给分			
5	车削圆锥面	$C=1:5$	11	超差不得分			
6	表面粗糙度	$\sqrt{Ra\,1.6}$（2处）	6	表面质量不达标不给分			
	合　　计		100				

任务二 中级车工技能考核模拟试题（二）

一、考件图样（图9-2）

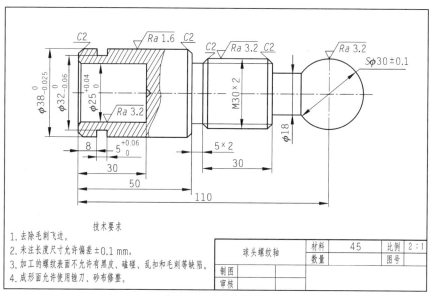

技术要求

1. 去除毛刺飞边。
2. 未注长度尺寸允许偏差±0.1 mm。
3. 加工的螺纹表面不允许有黑皮、磕碰、乱扣和毛刺等缺陷。
4. 成形面允许使用锉刀、砂布等修整。

球头螺纹轴	材料	45	比例	2:1
	数量		图号	
制图				
审核				

图9-2　球头螺纹轴

二、考核评分表（表9-2）

表9-2　考核评分表

学校：＿＿＿＿＿＿　　　　姓名：＿＿＿＿＿＿　　　　准考证号：＿＿＿＿＿＿

	职　业	普　通　车　工			总得分	
序号	考核项目	考核内容及要求	配分	评　分标　准	检测结果	扣分	得分
1	工具、设备使用与安全生产	（1）着装规范，未受伤； （2）刀具、工量具的放置； （3）工件装夹、刀具安装规范； （4）正确使用量具； （5）卫生、设备保养情况； （6）关机后机床停放位置合理	20	视情况扣1～20分，发生重大安全事故（人身和设备安全事故等）、严重违反工艺原则和情节严重的野蛮操作等，由监考人决定取消其考核资格			

续表

职业		普通车工			总得分		
序号	考核项目	考核内容及要求	配分	评分标准	检测结果	扣分	得分
2	车削外圆及端面	$\phi 38_{-0.025}^{0}$	6	超差不得分			
		$\phi 32_{-0.06}^{0}$	6	超差不得分			
		8	3	超差不得分			
		$5_{0}^{+0.06}$	5	超差不得分			
		50	3	超差不得分			
		$\phi 18$	4	超差不得分			
		110	3	超差不得分			
		$C2$ （2处）	2	倒角不正确不给分			
3	车削内孔	$\phi 25_{0}^{+0.04}$	6	超差不得分			
		30	3	超差不得分			
		$C1$	1	倒角不正确不给分			
4	车削三角形螺纹	$M30 \times 2$	10	不合格不给分			
		5×2 （退刀槽）	3	超差不得分			
		30	3	超差不得分			
		$C2$ （2处）	2	倒角不正确不给分			
5	车削成形面	$S\phi 30 \pm 0.1$	10	超差不得分			
6	表面粗糙度	$\sqrt{Ra\,1.6}$ （1处）	4	表面质量不达标不给分			
		$\sqrt{Ra\,3.2}$ （3处）	6	表面质量不达标不给分			
合 计			100				

任务三　中级车工技能考核模拟试题（三）

一、考件图样（图9-3）

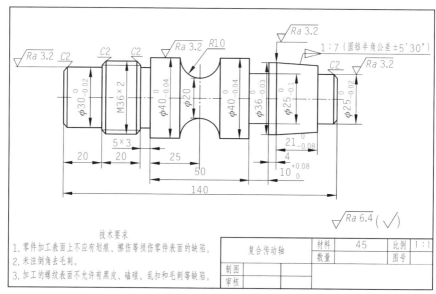

图9-3　复合传动轴

二、考核评分表（表9-3）

表9-3　考核评分表

学校：＿＿＿＿＿＿＿＿＿　　姓名：＿＿＿＿＿＿＿＿　　准考证号：＿＿＿＿＿＿＿

职　业		普　通　车　工			总得分		
序号	考核项目	考核内容及要求	配分	评　分标　准	检测结果	扣分	得分
1	工具、设备使用与安全生产	（1）着装规范，未受伤； （2）刀具、工量具的放置； （3）工件装夹、刀具安装规范； （4）正确使用量具； （5）卫生、设备保养情况； （6）关机后机床停放位置合理	20	视情况扣1～20分，发生重大安全事故（人身和设备安全事故等）、严重违反工艺原则和情节严重的野蛮操作等，由监考人决定取消其考核资格			

续表

序号	考核项目	职业		普通车工		总得分		
		考核内容及要求	配分	评分标准		检测结果	扣分	得分
2	车削外圆及端面	$\phi30_{-0.02}^{0}$	4	超差不得分				
		$\phi40_{-0.04}^{0}$	4	超差不得分				
		$\phi36_{-0.03}^{0}$	4	超差不得分				
		$\phi25_{-0.1}^{0}$	4	超差不得分				
		$\phi25_{-0.02}^{0}$	4	超差不得分				
		140	4	超差不得分				
		20（2 处）	6	超差不得分				
		25	4	超差不得分				
		50	4	超差不得分				
		$10_{0}^{+0.08}$	4	超差不得分				
		4	4	超差不得分				
		$21_{-0.08}^{0}$	4	超差不得分				
		C2（4 处）	4	倒角不正确不给分				
3	车削圆锥	1∶7	6	不合格不给分				
4	车削三角螺纹	M36×2	6	不合格不给分				
		5×3（退刀槽）	3	超差不得分				
5	车削成形面	R10	5	不合格不给分				
		$\phi20$	2	超差不得分				
6	表面粗糙度	$\sqrt{Ra\,3.2}$（4 处）	4	表面质量不达标不给分				
	合　计		100					

参考文献

［1］蒋增福. 车工工艺与技能训练（第三版） ［M］. 北京：高等教育出版社，2014.

［2］袁桂萍. 车工工艺与技能训练 ［M］. 北京：中国劳动出版社，2007.

［3］蔡长福，刘军. 普通车床加工 ［M］. 北京：科学出版社，2015.

［4］人社部教材办公室. 零件普通车床加工 ［M］. 北京：中国劳动社会保障出版社，2016.

［5］张有力. 零件的普通车床加工工作页 ［M］. 北京：北京邮电大学出版社有限公司，2014.

［6］陈为国. 数控车床加工编程与操作图解 第2版 ［M］. 北京：机械工业出版社，2017.